Bernard Aubert et Guy Vullin

Pépinières
et plantations d'agrumes

Éditions Quæ

Remerciements

Cet ouvrage a été réalisé par le Cirad, avec l'appui financier du GTZ et du CTA
Il est publié à l'occasion du Ve Congrès international de l'ISCN (mars 1997,
Montpellier, France).

Le Cirad, Centre de coopération internationale en recherche agronomique pour
le développement, est un organisme scientifique spécialisé en agriculture des
régions tropicales et subtropicales. Sous la forme d'un établissement public, il
est né en 1984 de la fusion d'instituts de recherche en sciences agronomiques,
vétérinaires, forestières et agroalimentaires des régions chaudes.

Sa mission : contribuer au développement de ces régions par des recherches,
des réalisations expérimentales, la formation, l'information scientifique et
technique. Il emploie 1 800 personnes, dont 900 cadres, qui interviennent dans
une cinquantaine de pays. Son budget s'élève à près de 1 milliard de francs, dont
plus de la moitié provient de fonds publics.

Le Cirad travaille dans ses propres centres de recherche, au sein de structures
nationales de recherche agronomique des pays partenaires, ou en appui à des
opérations de développement.

La GTZ, Deutsche Gesellschaft für Technische Zusammenarbeit, soutient
le ministère algérien de l'Agriculture dans un projet de promotion de plants
arboricoles et viticoles certifiables.

La GTZ est une société d'État allemande, dont les activités s'inscrivent dans
le cadre de la coopération technique. Dans près de 100 pays d'Afrique, d'Asie
et d'Amérique latine, environ 4 500 experts collaborent avec leurs partenaires
des pays en développement à la réalisation de projets s'étendant à presque tous
les domaines tant de l'agriculture et de la foresterie, de l'économie et des ques-
tions sociales, que de l'infrastructure institutionnelle et matérielle. Les clients de
la GTZ sont, outre le gouvernement de la République fédérale allemande, de
nombreux autres organismes publics ou semipublics.

Les activités de la GTZ englobent les tâches suivantes :
– étudier, planifier, mettre en œuvre ou conduire et contrôler des projets et
programmes de coopération technique conformément aux ordres passés par le
gouvernement fédéral ou d'autres organismes ;
– conseiller d'autres organismes d'aide au développement ;

– chercher, sélectionner, préparer et envoyer sur place du personnel qualifié, puis apporter à ces spécialistes l'appui personnel et technique dont ils ont besoin ;
– planifier l'équipement matériel et la logistique des projets, procéder à son acquisition et l'envoyer dans les pays en développement ;
– mettre en œuvre les engagements financiers contractés à l'endroit de ses partenaires dans les pays en développement.

Deutsche Gesellschaft für Technische Zusammenarbeit (GTZ) GmbH

Dag-Hammarskjöld-Weg 1- D-65760 Eschborn (Allemagne)

Telephon (0-6196) 79-0 - Telefax (0-6196) 79-1115

Le CTA, Centre technique de coopération agricole et rurale, a été créé en 1983 dans le cadre de la Convention de Lomé entre l'Union européenne et les États du groupe ACP (Afrique, Caraïbes, Pacifique).

Le CTA a pour mission de développer et de fournir des services qui améliorent l'accès des pays ACP à l'information pour le développement agricole et rural, et de renforcer les capacités de ces pays à produire, acquérir, échanger et exploiter l'information dans ce domaine. Les programmes du CTA sont articulés sur trois axes principaux : le renforcement des capacités des pays ACP en information, l'encouragement des échanges entre les partenaires du centre et la fourniture d'informations sur demande. CTA, Postbus 380, 6700 AJ Wageningen, Pays-Bas.

L'ISCN, Société internationale des pépiniéristes des agrumes, est une organisation sans but lucratif qui a été fondée en avril 1981. Elle a pour mission de promouvoir un niveau d'excellence en matière de multiplication de plants de *Citrus* et fonctionne sur un budget alimenté par les cotisations de ses membres. Sous le slogan « Des arbres de qualité pour des fruits de qualité », l'ISCN s'est fixé quatre objectifs majeurs :
– Renforcer les contacts entre les pépiniéristes et les chercheurs spécialisés dans les sciences de la génétique, de la pathologie et de la physiologie. Cette action est poursuivie grâce aux congrès internationaux que tient l'ISCN avec une périodicité de trois ans.
– Conseiller et informer les pépiniéristes par l'envoi de lettres d'information et la publication d'ouvrages ou d'opuscules.
– Promouvoir toutes les actions qui visent à prévenir la dissémination des maladies transmissibles par la greffe et plus généralement des organismes nuisibles à forte incidence économique.
– Animer des groupes de travail chargés d'évaluer en réseau les performances des nouvelles obtentions de porte-greffes et de variétés.

Contact :

Président de l'ISCN, Cirad-Flhor, BP 5035, 34032 Montpellier Cedex 1, France.

Sommaire

Préface

Cet ouvrage est principalement destiné aux *pépiniéristes multiplicateurs* dont les activités d'amplification et de diffusion de matériel végétal s'inscrivent, en général, bien au-delà d'un simple rôle de service pour la fourniture de plants. En effet, avec la production d'arbres fruitiers de qualité, l'utilité du pépiniériste atteint les dimensions d'une véritable *fonction sociale en appui à une filière.*

À l'instar des professionnels de la multiplication des rosacées fruitières à pépin et à noyau ou encore de la vigne, le mot *qualité* implique une succession d'actes professionnels précis et codifiés. Il est synonyme de :
– techniques culturales conformes aux exigences de la plante,
– propagation clonale par filiation directe en aval d'une sélection améliorante.

Dans le domaine des agrumes, le département Flhor (fruits, légumes et horticulture) du Cirad est riche d'une expérience de plus d'un demi-siècle :
– tout d'abord en tant que gestionnaire, avec son partenaire Inra, d'un précieux matériel végétal de base très diversifié (de niveau S_0) ;
– ensuite, comme organisme de recherche-développement directement en contact avec les principaux opérateurs de la filière ;
– enfin, en tant que lui-même producteur de plants d'agrumes certifiés dans les opérations de coopération scientifique et technique et d'appui au développement qu'il pilote en Afrique (Maghreb et pays au sud du Sahara), ainsi qu'au Moyen-Orient, dans les pays de l'océan Indien, du sud-est asiatique, de l'Amérique latine ou des Caraïbes.

À cette expérience reconnue et appréciée tant en partenariat bilatéral direct, qu'à l'échelon des organisations internationales FAO, IPGRI, Fond commun, UE, etc., il manquait, en quelque sorte, un emblème porteur d'un référentiel de savoir et de connaissances. C'est chose faite avec l'ouvrage *Pépinières et plantations d'agrumes.*

Dans ce guide très référencé, Bernard Aubert et Guy Vullin, scientifiques et experts de renommée internationale en arboriculture fruitière tropicale et méditerranéenne, répondent à une forte demande de la filière agrumicole.

En effet, cet ouvrage, à caractère technique, construit sur des bases scientifiques solides et une expérience accumulée au Cirad, apporte toutes les informations nécessaires aux professionnels de la multiplication conforme. Il intéresse aussi les innombrables petits pépiniéristes des pays du Sud, soucieux de contribuer à améliorer la qualité de leur diète alimentaire à l'échelon de la famille ou du village.

L'ouvrage, qui retrace le contexte historique de la pépinière agrumicole et les origines du savoir-faire français, s'attache à décrire de façon concrète et pratique les différentes étapes de la formation d'un scion de *Citrus*, puis de son installation au verger. Il intègre tout un ensemble d'observations et d'expériences provenant des différentes régions productrices d'agrumes où le Cirad-Flhor a été amené à intervenir. À ce titre, il constitue un précieux document de synthèse abondamment illustré et documenté. Il sera un précieux compagnon du pépiniériste.

Jean Pierre Gaillard, directeur du Cirad-Flhor

Introduction

Les agrumes, qui sont originaires d'Asie tropicale et subtropicale, ont été disséminés au cours des siècles dans différentes régions du monde. Leur apparition dans le Bassin méditerranéen est très ancienne et remonte aux échanges entre l'Orient et l'Occident occasionnés par les négoces qui ont accompagné la route de la soie bien avant l'ère chrétienne. Ultérieurement, les contacts établis par les navigateurs du xve siècle ont conduit à amplifier la dissémination de ces arbres qui ont souvent été, ensuite, redistribués vers les zones tropicales d'Afrique et d'Amérique, à partir de l'Europe.

La diversification des espèces et cultivars des genres *Citrus, Fortunella* et *Poncirus,* de même que leur dispersion géographique, a été fortement marquée par l'intervention de l'homme qui a tout d'abord tiré profit des avantages de la propagation par semis ; cette voie offrait à la fois la possibilité d'une multiplication conforme, lorsqu'il s'agissait de variétés polyembryonées (lime acide, nombreux mandariniers et orangers), et celle d'une recombinaison des caractères dans le cas des variétés monoembryonées (pamplemoussiers, cédratiers) avec, quelquefois, l'apparition dans les descendances de caractères plus ou moins favorables.

Le perfectionnement des techniques horticoles, notamment de celles utilisées en pépinière, a eu pour objet de contourner diverses contraintes environnementales : adaptation à différents types de sol, utilisation de porte-greffes tolérant une certaine salinité ou résistant aux agressions parasitaires. Dans cet esprit, l'idée de cultiver des individus composites, car issus d'une association portegreffe/greffon, a permis de combiner des qualités de vigueur et de comportement de l'appareil souterrain de la plante, avec celles relevant plus directement de caractéristiques portant sur la frondaison : port de l'arbre, qualités pomologiques, époque de production, etc.

C'est de l'obtention et de la multiplication de ces deux composantes, le portegreffe et le greffon, puis de leur assemblage, que traitera tout d'abord cet ouvrage. Lorsqu'elles sont correctement maîtrisées, ces pratiques horticoles permettent d'élargir très sensiblement la gamme des combinaisons et donc de mieux répondre à la diversité des demandes et des situations auxquelles doivent faire face les agrumiculteurs.

Une seconde partie traitera de la mise en terre des plants de pépinière pour la création des vergers et des soins à apporter aux jeunes arbres dès leur sortie de pépinière.

La maîtrise de ces différentes étapes est un art qui fait appel à de nombreuses connaissances de génétique, virologie, entomologie, physiologie et pédologie. L'objectif de l'ouvrage est de synthétiser la part revenant à chacune de ces disciplines et, surtout, d'en expliciter l'enchaînement lors de la succession d'étapes obligatoires, constituées par la préparation des semis, le greffage du scion et sa formation, puis par l'installation du jeune plant au verger.

Ce manuel du praticien décrira l'ensemble de l'itinéraire à suivre pour que le travail du pépiniériste et ultérieurement celui de l'agrumiculteur soient couronnés de succès. De nombreuses recommandations données ici sont le fruit de patientes observations conduites sur plus de quarante années par les agents du Cirad-FLHOR et de l'Inra en Afrique du Nord : au Maroc tout d'abord, puis en Algérie et en Tunisie. Ces études ont, ensuite, été poursuivies à la SRA de San Giuliano en Corse, ainsi que dans divers pays tropicaux (zone Antilles-Amériques, Afrique, océan Indien et Asie). Elles tiennent compte de toute une série de leçons provenant de succès ou d'échecs accumulés dans des situations écologiques très diverses.

Mais, en marge de ce savoir-faire horticole, il paraissait indispensable de faire aussi référence aux acquis récents de la biotechnologie pour mieux situer le contexte général dans lequel le pépiniériste agrumicole sera désormais appelé à intervenir ; cette démarche amenait donc à présenter les innovations en matière d'assainissement, de propagation de masse et d'amplification du matériel végétal fruitier et d'ornement.

1

Brève rétrospective historique
sur la pépinière agrumicole

Le désir de posséder des plants d'agrumes en jardins d'agrément ou en vergers fruitiers a conduit très tôt les agronomes à définir les règles de propagation d'un matériel végétal fort convoité. Les premiers écrits consacrés à ce type d'activité figurent dans des traités dont la parution remonte à plus d'un millénaire. Depuis lors, le problème a été abordé pour bon nombre d'aspects par des générations d'intendants et de botanistes, avant d'être traité, aujourd'hui, selon des méthodes scientifiques de plus en plus rigoureuses.

Les origines des techniques de propagation des agrumes

En Méditerranée orientale et occidentale

Selon El Faiz (1995), l'un des ouvrages de base est le *Livre de l'agriculture nabatéenne* composée entre le IIIe et le IVe siècle de notre ère par à Damas (Syrie). Ce manuscrit prend en compte un des plus anciens héritages légués à l'humanité : le savoir-faire des Mésopotamiens, considéré, aujourd'hui encore, comme la base des connaissances en matière d'horticulture.

Lorsqu'au VIIIe siècle, Abd-Al-Rahman Ier, calife omeyyade, fit construire la mosquée de Cordoue en Espagne, il envoya des émissaires en Syrie pour lui rapporter des semences de plantes rares parmi lesquelles figuraient le cédratier, le bigaradier et le citronnier qu'il désirait introduire en Andalousie. Parallèlement, dès 904, il faisait traduire, du syriaque en arabe, l'ouvrage de Qutamia qui inspira, par la suite, très largement, des agronomes arabes médiévaux-andalous tels que Ibn Al Awwan, Ibn Bassal, Ibn Hajjaz ou encore Abu Zacaria.

Le rôle de la pépinière agrumicole (nommée alors *al tarmidanat*) est, pour la première fois, clairement identifié par Ibn Hajjaz en 1074 : il s'agit *des lieux où se font des plantations de départ en vue de transférer ensuite les sujets à leur emplacement définitif.*

Beaucoup plus détaillé, le traité d'Ibn Bassal décrit diverses méthodes de propagation : semis en terrines ou carreaux, multiplication par bouturage du cédratier et du citronnier ou techniques de transplantation. Y figurent également différentes méthodes de greffe, dont l'écussonnage, et de multiples conseils concernant l'élevage et le choix du porte-greffe ou la conservation des baguettes de greffons pour les transports de longue durée dans des *vases d'étroite embouchure, n'ayant jamais contenu d'huile, mais employés uniquement à contenir de l'eau douce jusqu'au moment de leur utilisation.*

La maîtrise de ces techniques, combinée aux efforts prodigieux déployés pour l'approvisionnement en eau des surfaces à planter, a abouti à la création de fameux jardins comme celui de l'Agdal à Marrakech (Maroc) – qui atteignait plus de 60 000 arbres – ou celui de la Buhayra à Séville (Espagne). C'est ainsi que les premiers vergers fruitiers présentant une telle envergure virent le jour. Leur mise en place succéda à l'installation des jardins d'agrément auparavant demandés par les califes pour mettre en valeur l'architecture urbaine ou religieuse. Il en avait été ainsi, par exemple, de l'orangeraie de la mosquée de Cordoue, qui, exactement calquée sur la disposition topographique des piliers du célèbre édifice, avait une valeur plus symbolique qu'agronomique.

Sans une excellente maîtrise des pratiques de pépinière, les Arabes médiévaux de l'occident méditerranéen n'auraient jamais réussi à propager aussi rapidement, et sur d'aussi grandes surfaces, le précieux matériel végétal qu'ils avaient hérité du Proche-Orient (El Faiz, 1996). Leurs écrits ont fait l'objet de nombreux travaux de traduction et sont disponibles dans les bibliothèques d'Andalousie, de Rabat, de Madrid ou de Paris (figure 1).

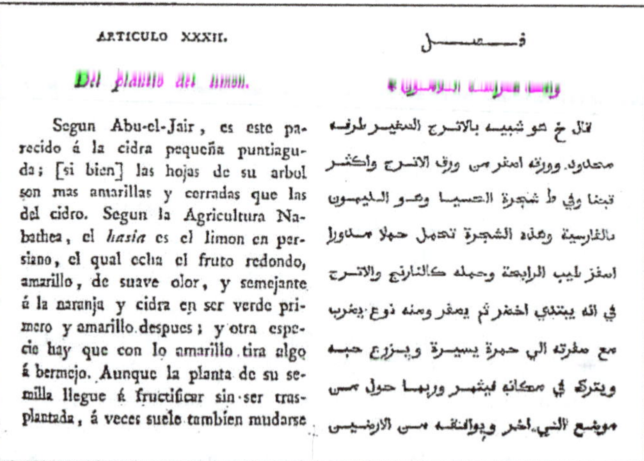

Figure 1. Extrait du manuscrit d'Abu Zacharia, XIIe siècle, sur la pépinière d'agrumes et réédité à Madrid en 1802 en langues arabe et espagnole (cité par Santamaria et Palomo, 1996).

En Asie

Vers la même époque, à l'autre bout de la planète, Han Yen Che, agronome chinois du Zhejiang, écrivait, en 1179, son *Traité des oranges*. Bien que dédié en majeure partie à la description pomologique d'une vingtaine de cultivars, cet ouvrage contient de précieuses indications sur la façon de propager les agrumes par semis, boutures ou greffes et de leur apporter les soins nécessaires : irrigation, amendements ou contrôle de quelques ravageurs (figure 2).

En Europe

Les pratiques andalouses, qui avaient atteint les cours d'Italie, furent repensées en fonction de l'utilisation finale des plants d'agrumes. Les Médicis de Florence, promoteurs d'un renouveau de l'architecture des jardins, entretenaient à grands frais une riche collection d'agrumes au palais Castello près de Florence ; en 1558, Belon, historien français, en relata l'existence avec émerveillement.

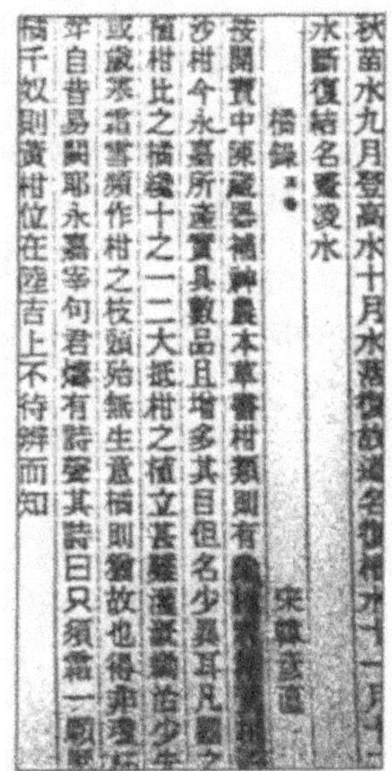

Figure 2. Extrait de l'ouvrage écrit par Han Yen Che en 1179 (bibliothèque municipale de Fuzhou, Fujian, Chine).

La propagation des plants avait lieu par semis, marcottes ou greffages en vase de *terra cotta* et les plants étaient rentrés l'hiver en *stanzone per vasi*, premiers édifices de ce qui allait devenir les orangeries. Cette collection-musée vivante s'est maintenue jusqu'à nos jours (figure 3) et Galletti, son actuel conservateur, en a fait récemment l'inventaire (1996). Bien avant lui, cependant, le célèbre jésuite siennois Ferrari (1646) s'était livré à des réflexions sur la navélisation de certains citrons et avait conduit les premières études sur la polyembryonie.

Figure 3. Palais Castello à Florence (Italie) : cultures en vase de *terra cotta*.

Par le jeu des alliances, la tradition florentine de culture des agrumes parvint jusqu'à
la cour de France où vécurent deux reines de la famille des Médicis. L'engouement
pour les fruits du jardin des Hespérides fut tel qu'il conduisit les intenclants-jardi-
niers et architectes du XVIIe siècle à concevoir les orangeries comme des éléments
enrichissant et rehaussant l'architecture royale : orangeries du palais du Luxembourg, du château de Sceaux, etc., et surtout de Versailles, où Louis XIV aimait
donner des fêtes et des représentations théâtrales en avant-première. L'orangerie
était non seulement une élégante enceinte d'acclimatation pour plantes rares, mais
encore un véritable foyer culturel dans toute l'acception du terme (figures 4 et 5).

Figure 4. Château de Versailles (France) : culture en caissons « à guichet », facilitant la transplantation des arbres au fur et à mesure de leur développement.

Répondant aux prouesses architecturales de Mansart qui s'était magistralement
appliqué à subvenir aux besoins de lumière et de température des orangers, de
La Quintinye (1730), le jardinier du roi, s'était, quant à lui, préoccupé de mettre
au point les substrats d'enracinement les plus favorables à leur croissance.

> Pour moitié : mélange comportant 6 ingrédients tamisés dont du fumier de vache, de la
> poudrette, de la colombine, du marc de raisin, du crottin de mouton, de la terre de gazon.
> Pour moitié : du sable de Fontainebleau, à gros grains.

Parallèlement, il concevait un système d'élevage en caisses qui, comportant
des parois « à guichet », facilitait le rempotage des précieux arbres au fur et
à mesure de leur augmentation de volume et permettait ainsi de les cultiver
sur de nombreuses décades. Cet ingénieux procédé a été perpétué jusqu'à nos
jours. La tradition s'est maintenue en France, dans les jardins, châteaux et
demeures seigneuriales. Toutefois, aujourd'hui, le subtil dosage du substrat
d'enracinement préconisé par de La Quintinye a été réajusté par des formulations nouvelles qui tiennent compte de critères de porosité, capacité de
rétention en eau et conductivité électrique.

Figure 5. Présentation de l'orangerie de Versailles (France) avec, en arrière-plan, l'escalier des Cent Marches et les salles d'hivernage conçues par Mansart.

Développement récent des techniques de pépinières

Transition avec l'époque contemporaine

La pépinière agrumicole s'est développée au fur et à mesure qu'ont augmenté la production de fruits et l'extraction d'huiles essentielles de bigaradier, d'orangers ou de bergamotiers.

Un premier pôle se constitua dans la région de Lecce située dans les Pouilles, en Italie. Il fut animé par Corrado, religieux de l'ordre des Célestins, qui publia à Naples, en 1787, son remarquable *Traité de la physiologie des agrumes et de la manière de les gouverner et les multiplier* (figure 6).

Dix ans plus tard, en 1797, Cavanilles fait état de l'importance prise par les pépinières et plantations d'agrumes dans la région de Valence en Espagne.

Le savoir-faire développé dans ces deux régions d'Europe sera déterminant pour l'essaimage de l'agrumiculture vers les pays du Nouveau Monde, tout autant que pour son intensification en région méditerranéenne.

Figure 6. Page de garde de l'ouvrage de Vincenzo Corrado.

Le XXe siècle

Au début du XXe siècle, la culture des agrumes évolua peu, en raison, notamment, des difficultés économiques liées aux deux guerres mondiales. Dès le milieu des années quarante, cependant, l'agrumiculture mondiale prit un véritable essor, grâce à l'utilisation du bigaradier comme porte-greffe. Ce choix permit, entre autres, de mieux maîtriser les pertes infligées par les attaques de *Phytophthora*. Toutefois, des difficultés apparurent en Argentine et au Brésil avec l'introduction accidentelle de la tristeza, attribuée à l'utilisation de greffons contaminés en provenance d'Afrique du Sud (Zeman, 1931 ; Bitancourt, 1943). Les pertes se chiffrèrent, alors, à plusieurs dizaines de millions d'arbres (Costa, 1956).

La nécessité du remplacement du bigaradier par d'autres porte-greffes conduisit les responsables de l'état de São Paulo au Brésil à engager le premier grand programme d'assainissement du matériel végétal par sélection nucellaire (Moreira, 1961).

Mais c'est l'impulsion des chercheurs californiens et floridiens qui permit de faire avancer rapidement les connaissances sur les maladies à virus transmissibles par la greffe (Fawcett, 1936). La création de l'Organisation internationale des virologistes des agrumes (IOCV) eut des répercussions dans le Bassin méditerranéen, notamment au Maroc, en France et en Corse où se constituèrent, dès les années 1950, les premiers conservatoires de matériel végétal d'élite sain. Cette démarche conduisit à la publication d'un atlas illustré des maladies à virus des agrumes, ainsi que de leurs modes de détection et de prévention (Bové et Vogel, 1980).

Entre-temps, une nouvelle technique d'assainissement par microgreffage d'apex avait vu le jour en Californie (Murashige *et al.*, 1972). Elle fut perfectionnée par Navarro *et al.* en 1975 pour être appliquée à grande échelle en Espagne, en Corse, en Turquie, ainsi que dans de nombreux pays agrumicoles de l'Ancien et du Nouveau Monde.

Le fait de pouvoir disposer rapidement de lignées assainies, ne présentant pas les inconvénients de la juvénilité propres aux sélections nucellaires, donna une impulsion considérable aux activités de pépinières qui purent désormais s'appuyer sur du matériel végétal beaucoup plus fiable. Cela décida un groupe de professionnels et scientifiques réunis en voyage d'étude en Californie, puis en Floride, à l'initiative de Newcomb, éminent spécialiste de la propagation des agrumes, à fonder, en mars 1981, l'International Society of Citrus Nurserymen (ISCN). Le rôle dévolu à cette société, sans but lucratif, fut de promouvoir les techniques d'amplification et de propagation d'un matériel végétal de qualité.

Avant la fin du deuxième millénaire, l'ISCN aura organisé cinq congrès internationaux (Valence, Espagne, 1981 ; Arvin, Californie, 1985 ; Remark, Australie, 1989 ; Johannesbourg, Afrique du Sud, 1993 et Montpellier, France, 1997) et publié dans les actes de ces congrès plus de 450 articles consacrés à l'amélioration des techniques de pépinière agrumicole. La création de cette société a été largement redevable au dynamisme des professionnels espagnols, qui faisait écho à l'héritage andalou, légué il y a plus d'un millénaire.

Bibliographie

Abu Zacaria (XIIe siècle). *Libro de la agricultura*. Réédité en espagnol et en arabe en 1802, à Madrid, Espagne.

Belon P., 1558. *Les remonstrances sur la culture des plantes et cognoissance d'icelles*. Paris, France, Bibliothèque nationale.

Bitancourt A.A., 1943. *Recomendacoes par combater e minorar os estragos da «Podrida de Raices» dos citrus biologico*. Instituto Biologico, São Paulo, Brésil, vol. 9 : 41-42.

Bove J.-M., Vogel R., 1980. *Description and illustration of virus and virus-like diseases of citrus.* Paris, IRFA, Setco-Fruits, 4 volumes. Colour slides.

Cavanilles A.T., 1797. *Observaciones sobre el Reino de Valencia.* Madrid (*fac-similé* : Paris-Valencia, 1985).

Corrado V., 1787. *Fisologia degli agrumi, delle erbe aromatiche e de fiori.* Colla maniera di governarli e moltiplicarli. Naples, Italie.

Costa A.S., 1956. *Present status of the tristeza disease of citrus in South America. FAO Plant Prot.* Bull. 4 : 97-105.

El Faiz M., 1995. *L'agronomie de la Mésopotamie antique* (analyse du *Livre de l'Agriculture nabatéenne* de Qutamia). New York/Cologne, E.J. Brill Leider.

El Faiz M., 1996. Les agrumes dans les jardins et vergers de l'Occident. *In : Il Giardino delle Esperidi, Gli agrumi nella storia, nella letteratura nell'arte arte.* Atti del V Colloquio Internazionale Centro Studi Giardini Storici e Contemporanei, Pietrasanta, 13-14 ottobre 1995. A. Taglioni e M.A. Visentini eds., Florence, Italie, Edifir ed., p. 109-135.

Fawcett H.S., 1936. *Citrus diseases and their control.* New York, Mc Graw Hill, 656 p.

Ferrari G.B., 1646. *Hesperides sive de malorum aureorum cultura et usu.* Rome, Italie, Herman Acheus, 480 p.

Galletti G., 1996. Agrumi in Casa Medici. *In : Il Giardino delle Esperidi, Gli agrumi nella storia, nella letteratura nell'arte arte.* Atti del V Colloquio Internazionale Centro Studi Giardini Storici e Contemporanei, Pietrasanta, 13-14 ottobre 1995. A. Taglioni e M.A. Visentini eds., Florence, Italie, Edifir ed.

Han Yen Che, 1179. *Chu lu, the mandarines and oranges of Zhejiang.* Chine, traduction de 1923 de M. Hagerty.

Ibn Hajjaz, 1074. *Kitâb al-Mugni* (Le Convaincant). Traduction espagnole de Julia Ma Carabaza Bravo, Grenade, Espagne, 1988.

Ibn Al Awwam (xiie siècle). *Livre de l'agriculture.* Réédité en langues arabe et espagnole par A. Banqueri, Madrid, Espagne, 1802. Édition française de CI. Mulet, Paris, France, 1864 à 1967.

Ibn Bassal (xiie siècle). *Libro de Agricultura.* Éd. et trad. de M. Milles Vallicrosa et M. Aziman Tetouan, p. 152-153.

La Quintinye (de), 1730. *Instruction pour les jardins fruitiers et potagers avec un traité des orangers et des réflexions sur l'agriculture.* Amsterdam, Pays-Bas, Henri Desbordes, réédition 1962, tome I, 244 p.

Moreira S., 1961. Clones nucelares : caminho para uma nova citricultura. *Rev. Agr.* (Piracicaba), 37, p. 72-75-82.

Murashige T., Bitters W.S., Rangan T.S., Nauer E.M., Roistache R.C.N., Holliday B.P., 1972. A technique of shoot apex grafting and its utilization towards recovering virus-free citrus clones. *HortScience* 7 : 118-119.

Navarro L., Roistacher C.N., Murashige T., 1975. Improvement of shoot tip grafting *in vitro* for virus-free citrus. *J. Am. Soc. Hort. Sci.* 100 : 472-479.

Santamaria M.T., Palomo P.T.S., 1996. Valencia y los agrios del Jardin de los cinco sentidos al huerto productivo - burgues. *In : Il Giardino delle Esperidi, Gli agrumi nella storia, nella letteratura nell'arte arte.* Atti del Ve Colloquio Internazionale Centro Studi Giardini Storici e Contemporanei, Pietrasanta, 13-14 ottobre 1995. A. Taglioni e M.A. Visentini eds. Florence, Italie, Edifir ed., p. 137-156.

Zeman V., 1931. Una enfermedad nueva en los naranjales de Corrientes. *Physis.* 19 : 410-411.

2

Les agrumes : une production fruitière fortement tributaire de l'approvisionnement en plants de qualité

Les agrumes, une des trois grandes productions fruitières mondiales

Avec une production annuelle de 80 millions de tonnes (Mt), les agrumes, les raisins et les bananes représentent les trois principales cultures fruitières de cette fin du xxᵉ siècle. La place prépondérante qu'elles occupent s'explique par le fait qu'en plus de leur consommation en produit frais, ces fruits sont aussi couramment utilisés dans la transformation alimentaire industrielle et domestique.

Dès la fin de la Seconde Guerre mondiale, la production d'agrumes a connu un essor considérable. Pendant 40 années, les récoltes ont régulièrement augmenté au rythme de 5,3 % l'an. Au cours de la dernière décade, de 1985 à 1995, le volume de la demande est subitement passé de 48 à près de 80 Mt ; la progression annuelle a alors été de 8,7 %. Les oranges occupent la plus grande part du marché en raison de leur vocation à approvisionner l'industrie du jus ; viennent ensuite, successivement, les mandarines, les citrons et les pomelos (tableau 1).

Aujourd'hui, la superficie du verger d'agrumes s'étend sur environ 3,5 millions d'hectares (M ha), ce qui conduit à entretenir et renouveler un parc d'arbres productifs de plus d'un milliard d'individus. En d'autres termes, il y a, aujourd'hui, un plant de *Citrus* pour cinq habitants sur notre planète dont la consommation moyenne d'agrumes, frais ou sous forme de jus, atteint 15 kg/hab/an. Maintenir la consommation à ce niveau supposerait une production de 90 Mt en 2005, de 100 Mt en 2015 et de 110 Mt en 2025, du simple fait de l'évolution démographique prévisible.

Autant dire que les agrumes font, aujourd'hui, partie intégrante de notre régime alimentaire. Ils sont appréciés, non seulement pour leur composition en vitamines et en fibres, mais encore pour leurs propriétés pharmacodynamiques. Les huiles essentielles extraites de l'écorce de leurs fruits ou encore de leurs feuilles et de leurs fleurs sont aussi largement utilisées en agro-industrie pour l'aromatisation et la parfumerie.

Enfin, la valorisation des agrumes en tant que plante d'ornement reste non seulement à l'honneur dans l'architecture paysagère des châteaux et demeures de prestige, mais elle connaît également une nouvelle dimension avec le développement du mini-plant fruitier proposé comme plante d'appartement.

Tableau 1. Évolution de la production d'agrumes de 1985 à 1995 (en Mt, sources FAO).

Groupes d'agrumes	Campagnes de production			
	1985-1986		1995-1996	
Oranges	31 000	67 %	58 400	73 %
Mandarines	7 900	16 %	8 800	11,4 %
Citrons et limes	4 300	8,7 %	6 900	8,8 %
Pomelos et pamplemousses	4 000	8,3 %	5 200	6,6 %
Production totale	47 800	100 %	79 300	100 %

Le pépiniériste agrumicole face à la demande

Les pépiniéristes multiplicateurs sont appelés à jouer un rôle de premier plan dans le renouvellement du verger agrumicole mondial, ainsi que dans sa modernisation et son expansion.

La demande en plants d'agrumes

La demande en plants d'agrumes émane, pour une grande part, du secteur relativement structuré, constitué par les exploitants de vergers fruitiers, qui interviennent en aval du pépiniériste. Mais elle provient aussi des innombrables besoins individuels exprimés par les détenteurs de jardins ou de « cours » et par les amateurs de plants d'ornement.

Secteur du verger fruitier organisé

La durée de vie productive moyenne d'un plant d'agrume installé en verger organisé n'est que d'une vingtaine d'années : l'arbre vit environ 25 ans et il faut déduire de cette période les premières années improductives du jeune verger. Pour compenser le vieillissement des surfaces en production, le parc devra donc être renouvelé au rythme d'au moins 5 % l'an (1/20).

Ce pourcentage est à majorer en fonction des risques sanitaires qui menacent certains pays producteurs, notamment d'Asie et d'Afrique. Il importe, par ailleurs, d'anticiper l'augmentation de la demande provoquée par l'évolution démographique. Enfin, les pertes de plants qui surviennent à la reprise, lors de l'installation des vergers ou à l'occasion de catastrophes naturelles – gelées, cyclones, inondations, etc. – devront être prises en compte.

Au total donc, il est raisonnable de tabler sur un taux de renouvellement des arbres et d'expansion des vergers compris entre 7,5 et 8 % l'an, ce qui conduit à produire, chaque année, 75 à 80 M de plants de pépinière pour répondre à la demande du verger fruitier agrumicole à l'échelle mondiale.

Une autre façon d'évaluer approximativement le nombre d'arbres que devra produire la pépinière d'agrumes consiste à prendre en compte le tonnage atteint par les récoltes annuelles. En effet, tous les grands pays producteurs d'agrumes, pour lesquels des statistiques fiables portant sur les taux de replantation sont disponibles, s'avèrent réintroduire, chaque année, dans leur effectif d'arbres en production, un nouveau plant de pépinière par tonne de fruits produite. Ainsi, l'Espagne, dont la production atteint 5 Mt, a mis sur pied un dispositif de pépinières permettant de planter 5 M d'arbres par an. Un raisonnement identique peut être appliqué au Brésil, à la Floride, au Maroc, etc.

Secteur informel

Outre son aspect de culture industrielle majeure, l'agrumiculture revêt aussi un important caractère social. En effet, dans les pays de la ceinture intertropicale, il est d'usage qu'un ou plusieurs plants d'oranger, pamplemoussier, limettier ou mandarinier figurent comme arbres de jardin ou de «case» à la fois pour l'agrément et pour la consommation domestique. Cette tradition particulièrement affirmée en Asie du Sud-Est, ainsi qu'en Afrique et en Amérique latine, entraîne la prolifération de petites pépinières familiales dont les produits sont écoulés sur les marchés agricoles hebdomadaires. Il est difficile d'avancer un chiffre de production émanant de ce secteur informel, qui constitue, au demeurant, une source non négligeable de dissémination des maladies en raison d'un manque de rigueur dans les pratiques de pépinière. D'ailleurs, dans certaines régions – sud du Vietnam, Philippines ou même Thaïlande –, le verger agrumicole est constitué, en grande partie, par des plants venant des pépiniéristes de ce secteur informel.

Le pépiniériste doit anticiper la demande en plants d'agrumes

Le pépiniériste multiplicateur qui cible le marché du verger fruitier organisé doit faire preuve d'une grande capacité d'anticipation sur la demande. En effet, les engagements de livraison qu'il prend vis-à-vis de ses clients vont nécessiter environ deux à trois ans de préparation pour l'élevage des plants.

Il lui incombe, par ailleurs, de constamment s'informer sur la qualité du matériel végétal qu'il multiplie et de répondre, autant que faire se peut, aux contraintes qui risquent de peser sur les futures plantations, que ce soit en termes de pression parasitaire ou en ceux de stress pédoclimatiques. À cet égard, le choix du porte-greffe revêt une importance particulière et le pépiniériste devra donc connaître :
– le comportement des associations porte-greffe/greffon vis-à-vis des maladies déjà existantes dans la zone de production ou risquant de se répandre dans cette zone ;
– l'aptitude des porte-greffes à répondre favorablement aux pratiques des producteurs d'agrumes, par exemple en présence d'une nappe phréatique peu profonde (zones de deltas en Asie) ou, à l'inverse, face à de faibles possibilités d'irrigation combinées à la salinité de l'eau (zones méditerranéennes) ou bien encore aux problèmes d'asphyxie sur sols lourds (nombreuses régions tropicales d'Afrique et d'Amérique).

Enfin, le pépiniériste est tenu de s'informer de l'évolution du marché et des préférences des consommateurs pour propager les variétés de greffons qui sont les plus en vogue, tout en prêtant une grande attention à la qualité sanitaire du matériel végétal candidat à la propagation.

Les principes de la mise en place d'une chaîne de propagation du matériel végétal de qualité

Deux principes émanent de la demande qui vient d'être définie : le pépiniériste doit pouvoir disposer d'un matériel végétal diversifié d'une part et sain d'autre part.

Maintenir une collection d'agrumes à caractères agropomologiques diversifiés

Chez les agrumes, les innovations agropomologiques ont souvent pour origine des mutations de bourgeons, ou mutations gemmaires, ayant été exploitées après validation dans un schéma de sélection améliorante et conservatoire.

Différents types d'oranges (navels précoces, navels tardives, oranges sanguines, demi-sanguines, etc.), de mandarines et, plus récemment, de clémentines (clémentines précoces, tardives, à gros fruits, etc.) ont été obtenus par ces méthodes.

Comme la propagation de plants d'arbres fruitiers par greffage constitue un puissant moyen d'amplification du matériel végétal, il a été possible de tirer parti, dans des délais relativement courts, de ces avantages génétiques.

Toutefois, si la chaîne de propagation n'est pas suffisamment structurée et contrôlée, les risques de dissémination de variétés qui s'avéreraient non conformes sont importants.

En conséquence, pour garantir un système de multiplication conforme, il faudra s'appuyer sur la création de collections et surtout de conservatoires maintenant des clones bien identifiés, lesquels seront propagés en filiation directe et stricte.

Contrôler constamment la pression parasitaire

Les agrumes sont exposés aux contaminations d'une trentaine de maladies de dégénérescence occasionnées par des viroïdes, des virus, des mycoplasmes ou d'autres organismes procaryotes endocellulaires. La plupart de ces organismes prolifèrent dans les tissus vasculaires qui véhiculent la sève et les troubles qu'ils occasionnent ont un caractère infectieux. Ils sont transmissibles de plante à plante soit directement par la greffe lors de la soudure des greffons, soit indirectement par des insectes vecteurs. Dans le cas des viroïdes, l'infection se propage par simple contact avec des outils contaminés.

Chez les agrumes, les cas de maladies de dégénérescence transmissibles par la graine au moment du semis sont très rares et aucune maladie transmissible par pollen n'a encore été détectée (contrairement à ce qui peut être observé sur rosacées fruitières). En revanche, les risques de transmission sont très élevés lorsque le pépiniériste prélève, par inadvertance, des baguettes de greffon sur des arbres contaminés. Ce sont, alors, des lots entiers de jeunes plants qui risquent d'être infectés.

L'emploi de matériel végétal sain au départ et le respect des filiations sanitaires permettent d'éviter les contaminations au moment de la pose des greffons. Dans les territoires exposés aux maladies transmissibles par vecteurs, le pépiniériste doit, en outre, prendre des précautions supplémentaires pour éviter ou prévenir tous contacts entre la plante et le vecteur de la maladie et entre ce vecteur et l'organisme qui en est l'agent causal.

Comme les responsabilités qui pourraient incomber au pépiniériste sont considérables, il est préférable qu'elles soient réparties entre les différents intervenants d'une chaîne de propagation qui a reçu l'adhésion des organisations professionnelles et qu'elles soient assumées par toute la filière de production de plants.

Les premiers maillons de cette chaîne sont constitués par la phase d'assainissement et par celle de sélection conservatoire, qui permettent de rassembler du matériel végétal présentant toutes les garanties sanitaires et pomologiques nécessaires. Liées à ces deux premières phases interviennent les étapes d'amplification et de distribution de ce matériel végétal de qualité.

Les étapes de la chaîne de propagation du matériel végétal de qualité

Le meilleur moyen de répondre efficacement aux exigences de la profession est d'intégrer l'activité du pépiniériste multiplicateur dans une *véritable chaîne de propagation du matériel végétal de qualité* (figure 7). Cette démarche permettra de moderniser sans cesse le parc d'arbres productifs pour l'adapter à l'évolution du marché.

Collecte de plants de qualité assainis (niveau S_0) : une étape en amont du pépiniériste

Le but recherché est de disposer d'un lot de plants initiaux sains ou assainis qui seront conservés dans des conditions optimales de sécurité. Cela se traduit, généralement, par la culture de ces plants en conteneurs et sous cage d'isolement, pour les mettre à l'abri des recontaminations par voie naturelle (vecteurs, bactéries de surface, etc.). C'est un outil indispensable pour obtenir et conserver à long terme le *matériel initial* S_0 (sélection de niveau initial zéro), véritable clef de voûte de la filiation sanitaire et pomologique. Des techniques particulières sont mises en œuvre pour éliminer les organismes infectieux pouvant atteindre un matériel végétal candidat à la propagation (voir chapitre « Production de greffons »).

Dans cette structure, la surveillance sanitaire est exercée plant par plant, avec un niveau maximal d'exigence, et fait appel à des techniques d'analyse et de dépistage très poussées. Elle nécessite le concours d'une équipe spécialisée en virologie, biologie moléculaire et génétique, œuvrant dans le cadre d'un établissement de recherche/développement connecté à la profession.

Les vergers conservatoires (niveau S₁) sous la gestion de pépiniéristes agréés

L'étape suivante est constituée par les vergers conservatoires qui doivent être installés dans des endroits où les risques phytosanitaires sont minimaux. Ils regroupent deux ou plusieurs arbres de chacune des variétés candidates à la multiplication. L'un des arbres est maintenu non taillé, afin de le laisser exprimer tous les caractères de la variété. Les caractéristiques agropomologiques de chaque sujet sont régulièrement contrôlées pour garantir l'authenticité et la conformité variétale. Le rôle fondamental des vergers conservatoires est de repérer les caractères génétiquement stables des plants de qualité mis en collection, par rapport à d'autres caractères moins stables influencés par les conditions environnementales (climat, terroir, etc.). Le verger conservatoire représente ce qu'il est convenu d'appeler *le matériel de base* S_1 (sélection de niveau 1).

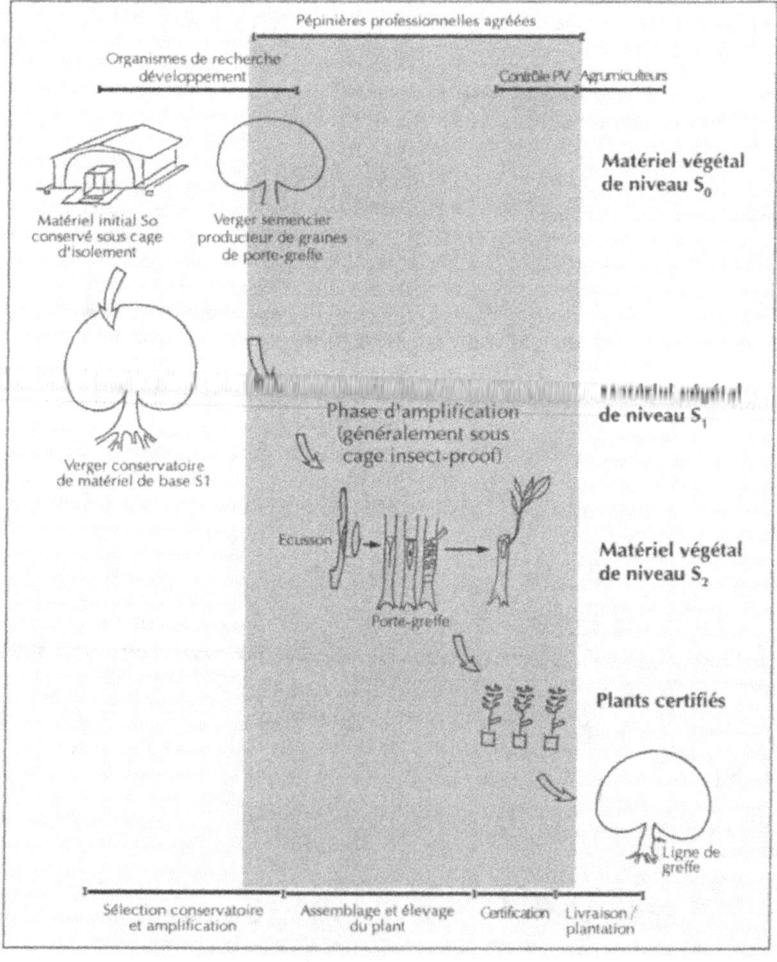

Figure 7. Place de la pépinière professionnelle dans le schéma de production de plants de qualité d'agrumes.

La gestion du matériel de base S_1 pourra être assumée par des pépiniéristes agréés, contrôlés par un organisme chargé de surveiller la chaîne de propagation. Ce matériel est constitué par une culture clonale en filiation directe, qui fait l'objet de tests sanitaires par sondages. Il est représenté concrètement par des vergers conservatoires destinés à fournir les graines de porte-greffes d'élite d'une part, et les greffons de base certifiés indemnes de maladies d'autre part.

Pour les pays où la pression parasitaire est élevée, il conviendra de mettre en place des **blocs d'amplification**. Ce sont des unités de type S_1 (sélection de niveau 1) plantées à très haute densité pour fournir un nombre maximal de greffons certifiés de niveau S_2. Ces parcelles reçoivent une protection par traite-

Figure 8. Amplification sous cage d'isolement du matériel de base S_1 au Portugal.

ments chimiques très suivie et ne sont exploitées que sur une durée maximale de 3 ans. Dans certaines situations, il faudra même effectuer toute la phase S_1 sous cage d'isolement pour éviter les risques de recontamination par des maladies infectieuses (figure 8) ; c'est le cas, en particulier, des pays producteurs d'agrumes exposés à de graves affections parasitaires, telles que le *huanglungbin-greening*, ou à des souches sévères de tristeza. Toutes ces mesures ont pour but de mettre à la disposition de l'agrumiculteur des plants certifiés, offrant une garantie maximale.

La certification valide la qualité du matériel végétal produit par le pépiniériste

La production de plants d'agrumes de qualité, ou plants d'élite, est la résultante d'un ensemble de choix techniques que sont amenés à faire les pépiniéristes multiplicateurs. Comme il a été vu précédemment, le point de départ consiste à s'appuyer sur un patrimoine génétique qui a fait l'objet d'un travail de sélection, selon des critères pomologiques et phytosanitaires. Pour préserver l'intégralité de ce patrimoine, les pépiniéristes devront effectuer une propagation clonale par filiation et s'assurer que les techniques mises en œuvre évitent la transmission de certains agents pathogènes.

Le site de la pépinière doit être choisi et aménagé de façon à éviter les risques de contamination par des maladies endémiques. Les plants sont élevés en mettant en œuvre des techniques culturales optimales. Tous les travaux de taille, greffage, rabattage doivent être exécutés avec des outils désinfectés. Une attention spéciale est à accorder au marquage des plants qui doit être effectué à l'aide d'un étiquetage très soigneux.

En réalité, lorsqu'elle se rapporte à un plant greffé, la notion de plant de qualité, recouvre le triple aspect de la qualité du porte-greffe, du greffon et de l'assemblage du scion (figure 9).

Figure 9. S'il s'agit de pépinières hors sol en climat méditerranéen, l'assemblage puis la formation du jeune scion s'effectuent, le plus souvent, sous ombrière jusqu'au moment de la livraison.

La certification est une démarche qui permet d'authentifier le respect, par le producteur, de toutes les exigences d'une multiplication conforme. Elle consiste à surveiller les différentes phases d'élaboration du plant fruitier et elle aboutit à la mise en marché de ce plant avec une étiquette de certification servant aussi de passeport phytosanitaire (figure 10). Les étiquettes sont fabriquées selon un système informatisé.

La surveillance est assurée par une équipe mixte, comprenant d'une part des représentants de l'organisme chargé du travail de sélection conservatoire, et donc producteur du matériel végétal de niveau S_0, voire de la phase multiplicatrice S_1, et d'autre part des représentants des services de la Protection des végétaux. Le coût de ces contrôles est généralement facturé aux pépiniéristes en tout ou en partie.

Peu de pays producteurs d'agrumes se sont dotés d'un tel système de certification à caractère **généralisé** (voir l'exemple de l'Union européenne ci-dessous). Sur le continent américain (Amérique du Nord et du Sud), la certification est le plus souvent **volontaire**, c'est-à-dire qu'elle résulte d'une option délibérée du pépiniériste sans contrôle systématique extérieur à l'entreprise.

Certification de plants d'agrumes en Europe

La certification des plants de pépinière constitue une réponse aux directives européennes 91-682 CEE, 92-34 CEE et 93-48 CEE fixant un cadre pour la commercialisation de plantes ornementales et fruitières. La vente d'un plant en Europe n'est possible que lorsque ce plant respecte les exigences de niveau CAC (Conformité Agricole Communautaire) avec, pour les *Citrus*, des contraintes supérieures à celles des autres arbres fruitiers ou ornementaux.

Bien qu'impliquant l'aspect «conformité génétique», cette réglementation vise principalement la prévention phytosanitaire.

Introduction de plants des pays tiers

L'introduction de plants ou greffons de *Citrus* et espèces apparentées sur le territoire européen, en provenance des pays tiers, est interdite. Des dérogations spéciales sont accordées pour les organismes de recherche désirant introduire des baguettes de greffons de nouvelles variétés. Ce matériel ne peut entrer qu'en faisant l'objet d'un travail d'assainissement (chapitre «Production de greffons»). Il doit être exempt de maladies ou d'organismes de quarantaine. Une liste de près d'une soixantaine de ces agents «exotiques» a été dressée par les services de la Protection des végétaux de l'Union européenne à Bruxelles. Elle est mise à jour conformément aux recommandations de l'Organisation européenne de protection des plantes (OEPP) dont le siège est à Paris.

L'introduction de fruits ou de graines d'agrumes fait également l'objet de dispositions spéciales, bien qu'elles soient moins strictes.

Figure 10. La fourniture de plants certifiés engage la responsabilité du pépiniériste jusqu'à la phase d'installation du jeune verger, dont la réussite sera étroitement liée aux choix techniques qu'il aura faits au moment de la préparation du plant. Ici, nouvelles plantations d'agrumes au Brésil, dans le cadre d'un schéma de certification volontaire.

Circulation des plants à l'intérieur de l'Europe

Les plants d'agrumes fruitiers et ornementaux circulent l'intérieur de l'Europe avec un passeport phytosanitaire. Ce passeport est délivré lorsque les végétaux sont indemnes de quatre **maladies de quarantaine**, le *stubborn*, le *mal secco*, le *woody gall* et la tristeza, et qu'ils respectent, en outre, les exigences CAC. Ces dernières visent d'autres maladies ou ravageurs des agrumes présents sur le territoire européen et classés comme **organismes de qualité.** On considère en effet qu'ils entraînent une simple dépréciation de la qualité du matériel végétal, «rattrapable» par un traitement phytosanitaire correctement ciblé. Des seuils de pullulation à ne pas dépasser sont fixés.

Systèmes de certification en Europe

Au-delà du minimum exigible décrit ci-dessus, plusieurs pays européens ont mis en place un système de certification nationale.

En Espagne : l'Espagne a mis en place à l'IVIA (*Instituto valenciano de investigaciones agrarias*) de Valence, au début des années 1980, un dispositif assurant la production de plants de niveau S_0 (Navarro, 1993). Le matériel végétal est géré par l'Avasa (*Agrupacion de viveristos de agrios sociedad agricola*) pour la phase d'amplification de niveau S_1. L'Avasa travaille en relation avec des pépiniéristes agréés par l'INSPV (*Instituto nacional de semillas y plantas de vivero*). Lors de l'élaboration du plant fruitier, les contrôles sont assurés par le service de la Protection des végétaux espagnol en collaboration avec l'IVIA.

En France : depuis 1958, la station de recherche agronomique de San Giuliano en Corse (Station Inra-Cirad) gère un important patrimoine génétique de niveau S_0, selon des critères pomologiques et phytosanitaires rigoureux (Vogel *et al.*, 1988 ; Anonyme, 1992). Le système de certification mis en place pour les agrumes s'apparente à celui adopté pour les autres arbres fruitiers. Il est soutenu conjointement par l'Inra et le Cirad, sous la tutelle du ministère de l'Agriculture et piloté par le Centre technique interprofessionnel des fruits et légumes (CTIFL) et les services de la protection des végétaux (SPV) (Dosba et Labergère, 1997).

Dans les départements et territoires d'outre-mer français, les pépinières d'agrumes sont sous le contrôle du service local de la Protection des végétaux, le Cirad-Flhor étant dépositaire du matériel de niveau S_1 pour l'ensemble de ces régions.

En Italie : l'Italie, qui compte une production annuelle de plus de 3 M de plants d'agrumes, a mis en place un système de certification volontaire. Le matériel végétal de niveau S_0 est fourni par l'ISPA (*Istituto sperimentale per l'agrumicoltura*) avec l'appui du département de pathologie végétale de l'université de Catania (Terranova *et al.*, 1993).

Au Portugal : un dispositif de certification est en place dans la province de l'Algarve ; les organismes qui interviennent dans cette procédure sont la Direction régionale de l'Algarve (DRAG), son Centre de citriculture (CC) et quelques pépinières privées dont la pépinière Viveros do Foral. Le service local de la Protection des végétaux effectue les contrôles au moment des étiquettes.

Certification dans d'autres régions productrices d'agrumes

En Chine : la Chine a mis en place un système de certification des pépinières de plants d'agrumes, vers le milieu des années 1950, pour résoudre le difficile problème du huanglungbin-greening, une maladie transmissible par la greffe et par un psylle vecteur. Les procédures préconisées au départ par Lin (1956) comportent une dizaine d'instructions essentielles qui permettent aussi de contrôler efficacement d'autres affections :

1. Respect des conditions d'isolement de la pépinière.
2. Désinfection des graines de porte-greffes dans l'eau chaude à 56 °C pendant 10 minutes.

3. Désinfection des greffons à la chaleur humide à 49 °C pendant 50 minutes pour l'obtention de matériel s_0 indemne de maladies.

4. Interdiction d'introduire du matériel non désinfecté sur le périmètre de la pépinière (agrumes et espèces apparentées).

5. Clôture et sas d'entrée pour la désinfection des chaussures et vêtements.

6. Interdiction de visites sans passage par le sas de désinfection.

7. Désinfection des sécateurs et greffoirs au formol ou à l'eau de javel.

8. Séparation systématique des anciens et nouveaux blocs de pépinière.

9. Visites d'inspection phytosanitaire mensuelles avec éradication immédiate de foyers éventuels de maladie.

10. Fourniture de plants certifiés avec étiquettes individuelles.

Une description du système chinois de certification a été présentée par Aubert en 1990. L'assainissement des greffons est aujourd'hui assuré par le microgreffage d'apex couplé à la thermothérapie.

En Afrique du Sud : le schéma de production de plants d'agrumes d'élite sud-africain a fait l'objet d'une présentation détaillée (Von Broembsen et Lee, 1988). Le groupe Outspan en a été le principal promoteur. Une des particularités du système sud-africain consiste à inoculer le matériel de base S_1 avec une souche de tristeza de faible virulence assurant une protection croisée contre les formes sévères de cette maladie, lesquelles sont disséminées par le puceron brun des agrumes.

Dans les autres pays : certains pays comme la Turquie (Cinar *et al.*, 1995), l'Uruguay (Borde *et al.*, 1997) et l'Argentine (Anderson *et al.*, 1997) ont engagé un important programme de sélection conservatoire de matériel initial pouvant déboucher, à court terme, sur une certification à caractère généralisé ou volontaire selon les cas. Le Maroc fait partie également de ces groupes de pays.

Pour d'autres régions comme les Philippines (Ringor *et al.*, 1997), l'Égypte (Tolley *et al.*, 1997) ou le Vietnam (Cao Van *et al.*, 1997), la mise en place d'une chaîne de propagation de matériel végétal de qualité en est à la phase initiale de création des conservatoires.

La certification des plants fruitiers est une activité multidisciplinaire qui requiert des compétences en génétique, phytopathologie et pomologie. Plusieurs conditions doivent être réunies pour aboutir à un système de certification viable :

– nécessité de mettre en place une stratégie de lutte efficace contre certaines maladies infectieuses à forte incidence économique (maladies de quarantaine),

– mobilisation des planteurs et de leurs associations pour la défense de leurs intérêts,

– action des autorités gouvernementales visant à impulser un programme de certification au plan légal, financier et logistique,

– participation active des pépiniéristes,

– législation adéquate limitant la circulation de matériel végétal non conforme ou contaminé.

Bibliographie

Anonyme, 1992. *Le conservatoire de ressources génétiques d'agrumes de la station de San Giuliano en Corse*, une collaboration entre l'Inra et le Cirad-Flhor. Fruits 47 (6) : 691-714.

Aubert B., 1990. *Prospects for citriculture in South-East Asia by the year 2000*. FAO Plant Protection Bulletin : 151-174.

Anderson C.M., Costa N.B., Fabiani A., Plata M.I., 1997. Procitrus : the citrus budwood improvement program for Argentina. *In :* Proceedings of the V ISCN Congress, March 1997, Montpellier, France. Cirad-Flhor ed.

Borde J., Fossali A., Rey F., 1997. Citrus certification program in Uruguay. *In : Proceedings of the V ISCN Congress*, March 1997, Montpellier, France. Cirad-Flhor ed.

Cao-Van Ph., Hong L.T.T., Thu T.P.A., Chau N.A., 1997. Supply of elite plants to the citrus industry in the Mekong delta (Vietnamese part). *In :* Proceedings of the V ISCN Congress, March 1997, Montpellier, France. Cirad-Flhor ed.

Cinar A., Kersting U., Onelge N., Korkmaz S., 1995. An alternative approach on citrus certification in Turkey. *In : Proceedings of the XIII IOCV Conference*, Fuzhou, China, P. Moreno and J. da Graca eds.

Dosba F., Labergere M., 1997. Fruit tree certification in France and International Context. *In : Proceedings of the V ISCN Congress*, March 1997, Montpellier, France. Cirad-Flhor ed.

Lin K.H., 1956. The citrus huanglungbin (greening) disease in China. Acta Phytopathologica Sinica 2, part 1 : 1-11 et part 2 : 14-38. Document traduit du chinois en anglais par Lin K.S. en 1990. *In : Proceedings of the Asia Pacific International Coliference on Citriculture*, February 1990, Chiang Mai, Thailand. Hong Kong, Chine, B. Aubert ed., UNDP-FAO Regional project RAS/86/022, p. 1-25.

Navarro L., 1993. Citrus sanitation, quarantine and certification programs. *In : Proceedings of the XII IOCV conference*, November 1992, New Delhi, Inde. Riverside, USA, P. Moreno da Graca et L.W. Timmer ed., University of California, p. 383-395.

Ringor D., Cablog N., Diederischen H., Dacmeq M., Amoy M., Ochasan J., 1997. Initial results of the implementation of the citrus certification scheme and the establishment of registered nurseries in the Cordillera region. *In : Proceedings of the V ISCN Congress*, March 1997, Montpellier, France. Cirad-Flhor ed.

Terranova G., Caruso A., Sarrantino A., 1993. The citrus improvement program and the foundation block of the Citrus Expérimental Institute of Acireale (italy). *In : Proceedings of the XII IOCV conference*, November 1992, New Delhi, Inde. Riverside, USA, P. Moreno da Graca et L.W. Timmer ed., University of California, p. 467.

Tolley I.S., Aboul-Ata A.E., Mazyad M.H., Gassert W., 1997. Virus-free citrus production : situation and future implementation for certification schemes in Egypt. *In : Proceedings of the V ISCN Congress*, March 1997, Montpellier, France. Cirad-Flhor ed.

Vogel R., Bove J.-M., Nicoli M., 1988. *Le programme français de sélection sanitaire des agrumes*. Fruits 43 (12) : 709-720.

Von Broembsen L., Lee A.T.C., 1988. South Africa's Citrus Improvement Programme. *In : Proceedings of the X IOCV Conference*, Valence, Espagne, novembre 1986. Riverside, USA, université de Californie, L.W. Timmer, S.M. Garnsey and L. Navarro ed., p. 407-416.

3

Maîtrise de la production de porte-greffes

Le matériel végétal destiné à être utilisé comme porte-greffe d'agrumes est le plus souvent multiplié par semis. Ce mode de propagation a plusieurs avantages :

– son coût est modéré, du moins lorsque les cultivars utilisés produisent de nombreuses graines de type polyembryoné, ce qui est le cas pour les porte-greffes conventionnels ;

– les plants de pépinière obtenus alors disposent d'un système d'enracinement vigoureux, caractérisé par la constitution d'un pivot ;

– c'est une technique relativement sûre pour produire des porte-greffes sains, sans avoir à prendre trop de précautions. En effet, les cas de transmission de maladies de dégénérescence par la graine sont rares. Toutefois, afin de contrôler leur contamination par des organismes pathogènes comme les *Phytophthora* sp., le chancre citrique, etc., les graines devront être désinfectées par traitement thermique ou chimique ; ces techniques seront présentées ultérieurement.

Outre la reproduction sexuée, il existe, cependant, des techniques de propagation végétative capables de produire des lots homogènes de porte-greffes soit par culture *in vitro*, soit par microbouturage. Ces procédés peuvent présenter un avantage dans les schémas de multiplication conforme de certains types de matériel végétal.

Mode conventionnel de propagation de porte-greffes par semis

Dans la grande majorité des cas, la multiplication intensive de porte-greffes à partir de graines constitue la voie la plus sûre pour approvisionner le verger agrumicole en plants de qualité. Ce type de propagation implique l'existence d'un verger semencier qui permet de produire des graines, mais la création d'une telle parcelle entraîne certaines contraintes dont il peut paraître intéressant de se dégager en commandant les semences de porte-greffes à des organismes spécialisés dans de telles productions. C'est une solution possible, mais qui introduit une dépendance vis-à-vis du fournisseur (exclusivité, délais d'approvisionnement, prix, etc.). Elle peut aussi se révéler, parfois, plus onéreuse qu'une production locale, notamment lorsqu'il est question de produire des contingents de plants greffés atteignant ou dépassant 50 000 sujets par an. À partir d'une telle échelle de production, la création d'un verger semencier particulier est donc recommandée pour atteindre une autosuffisance en graines.

Pour les pays ou territoires contaminés par le chancre citrique, toutefois, la conduite d'un parc semencier est une opération délicate en raison des risques d'attaque massive par l'agent bactérien responsable de cette maladie : Xanthomonas axonopodis pv citri. *En effet, aucun des porte-greffes aujourd'hui disponibles n'est tolérant au chancre citrique et le caractère très épineux des arbres constituant les vergers semenciers multiplie les risques de blessures de feuilles et de rameaux, donc de contamination.*

Caractéristiques du verger semencier

Un verger semencier est destiné à fournir des graines de qualité, c'est-à-dire les plus conformes possibles aux modèles choisis ; il doit permettre de produire des semences en abondance et garantir leur état sanitaire, en particulier vis-à-vis des maladies infectieuses dues à des bactéries, champignons ou à certains virus.

Pour répondre à l'exigence de conformité génétique, il est préférable, tout d'abord, de regrouper, du mieux possible, chaque lot d'arbres semenciers par type de porte-greffe, de les isoler et de placer une ruche au sein de chacun d'eux, pour activer la pollinisation dans un espace limité. Une seconde précaution doit être prise ; elle consiste à ne retenir comme espèce semencière que des variétés ou espèces présentant un fort degré de polyembryonie. Dans ces conditions, en effet, le taux de plantules issues d'embryons nucellaires sera plus important. Le matériel végétal ainsi obtenu est alors identique aux caractéristiques et aptitudes du pied mère de porte-greffe, choisi comme modèle (annexe I). Favoriser la production de lots de porte-greffes conformes permet de diminuer les causes d'hétérogénéité, voire de mortalité, observées ensuite dans les vergers mis en place, lorsque la pression parasitaire parvient à s'exercer plus fortement sur certains types particuliers de porte-greffes.

Les agrumes plantés dans un verger semencier sont en général distants de 6 m × 4 m, cela conduit à une densité moyenne d'environ 400 arbres/ha. Quelques données sur les rendements moyens de graines par fruit et par arbre ont été recueillies dans les conditions du climat subtropical méditerranéen de Corse (tableau 2). Les premiers fruits apparaissent vers la 3ᵉ ou 4ᵉ année après la plantation et, si les plants sont propagés à partir de semis, la pleine récolte est obtenue vers la 15ᵉ année. Cependant, lorsque les arbres semenciers ont été obtenus par greffage, la mise à fruit est beaucoup plus précoce.

Pour compenser les pertes de plantules survenant lors de la sélection et du greffage en pépinière, le nombre de graines à produire doit être le double de celui du nombre d'individus destinés à être plantés en verger.

L'ensemble de ces informations permet de déterminer les surfaces qui devront être réservées à la mise en place du verger semencier. Il faudra veiller à maintenir les parcs semenciers en excellent état sanitaire, en particulier vis-à-vis des maladies dues aux *Phytophthora* sp., aux diverses bactérioses connues (chancre citrique à *Xanthomonas axonopodis* pv *citri* ou bactériose à *Pseudomonas)* et aux deux viroses (psorose et frisolée panachure infectieuse) susceptibles d'être transmises, très occasionnellement, par la graine.

Quelques informations de base concernant la graine des *Citrus* ont été synthétisées dans l'annexe II.

Tableau 2. Rendements en graines de différents parcs semenciers.

	Bigaradier	*Poncirus trifoliata*	Citrange Troyer	*Citrus volkameriana*	*Citrus macrophylla*
Rendements en fruits/arbre (kg)	50	25	40	60	60
Rendements en graines/arbre (kg)	1,5	2,7	1,6	0,7	1,1
Rendements en graines/ha (kg)	266	1 080	640	280	440
Nombre de graines par fruit	20	20 à 25	10 à 12	10 à 12	15
Nombre de graines au kg	3 500 à 4 500	4 900 à 5 300	4 700 à 5 500	10 000 à 12 000	5 000 à 7 000

Données recueillies en Corse à la SRA de San Giuliano.

Récolte, extraction et conservation des graines

Pour garantir la qualité biologique des graines, les fruits, dont seront extraites les semences, doivent être cueillis à complète maturité. En effet, lorsqu'ils sont immatures, les pépins ont un faible taux de germination.

Pour chaque variété, l'époque de cueillette convenable est repérée par le début de la chute naturelle des premiers fruits mûrs ; afin d'éviter la contamination des graines, par *Phythophthora* sp. notamment, les fruits tombés à terre ne doivent pas être utilisés.

Ces périodes favorables diffèrent selon les variétés et selon l'influence du climat. En zone méditerranéenne (Corse par exemple), les graines de *Poncirus trifoliata* sont récoltées entre le 15 et le 30 octobre, puis, en janvier et février, celles des citranges, du mandarinier Cléopâtre et du *Citrus macrophylla* sont collectées, enfin, au cours du mois de mars, ce sont les graines du *Citrus volkameriana* et du bigaradier qui vont être récupérées.

Après leur récolte, l'extraction des graines se fait à la main ou à la machine. Les techniques de conditionnement diffèrent alors selon la taille des structures de production des semences.

Conditionnement des graines pour les petites unités

Lorsque les unités de production de semences sont de petite taille, l'extraction des graines est manuelle ; les fruits sont ouverts en deux, mais, pour ne pas blesser les graines, ils ne sont pas tranchés jusqu'au cœur ; la séparation des deux parties s'opère par un mouvement de torsion. Les graines sont dégagées de la pulpe et recueillies dans un récipient. Elles sont ensuite abondamment lavées à l'eau sur un tamis à mailles de 3 mm × 3 mm afin d'éliminer les débris de pulpe et de mucilage. Après égouttage, les pépins sont trempés quelques minutes dans une solution fongicide ou traités à sec avec des produits tels que le thirame, le carbendazime ou l'oxyquinoléate de cuivre, utilisés seuls ou en mélange.

Les graines sont alors séchées, à l'abri de la lumière et du soleil, dans un local frais, sec et bien ventilé, où elles sont placées en couches minces, fréquemment remuées.

Lorsque ces futures semences sont complètement sèches, elles sont pesées et mises en sachet de polyéthylène soudé. Chaque emballage porte une étiquette qui mentionne la variété, son origine, le poids de graines, ainsi que les dates de récolte et de conditionnement. Le poids de chaque sachet sera une information utile pour l'approvisionnement ultérieur des chantiers de semis.

Les lots de graines conditionnées sont stockés, en conditions contrôlées, dans un local dont la température oscille entre + 3 °C et + 4 °C et dont l'hygrométrie varie de 80 % à 90 %.

Tous les mois, les sacs doivent être soigneusement examinés afin de repérer et d'éliminer les graines présentant des attaques de moisissure. Après avoir été triées, les graines saines sont de nouveau conditionnées dans les mêmes conditions que celles décrites précédemment.

Les graines ne sont sorties du local de conservation que quelques heures avant leur utilisation pour le semis.

Traitement et conditionnement des graines pour les unités industrielles

En unités industrielles, les graines sont dégagées du fruit à l'aide de machines à extraire les pépins d'agrumes (figure 11). Il en existe plusieurs modèles. Ces machines comportent un tambour ajouré, muni de courtes lames qui découpent et tordent les fruits pour en extraire, sans dommage, les pépins. Des jets d'eau sous pression éliminent la pulpe et les peaux ; les pépins sont recueillis sur un tamis.

Dans certaines de ces installations industrielles, les pépins sont ensuite désinfectés par trempage durant 10 minutes dans de l'eau chaude à 51 °C, puis ils reçoivent une application fongicide. Ils sont alors séchés lentement, au frais et à l'obscurité, et emballés sous vide dans des sachets plastiques, étiquetés avec les mêmes informations que celles indiquées précédemment et conservés en conditions contrôlées à + 5 °C et 85 % HR.

Ces lots font l'objet de contrôles périodiques permettant de repérer les graines présentant des développements de moisissures.

Certaines sociétés ou instituts spécialisés dans la production de grandes quantités de semences d'agrumes les livrent en boîtes métalliques étanches.

Les graines ainsi préparées sont aptes à conserver toutes leurs qualités germinatives pendant près de 6 à 8 mois.

Figure 11. Extraction mécanique de graines de porte-greffes sélectionnés (Afrique du Sud).

Conduite et entretien du verger semencier

Les arbres semenciers sont :

– soit issus directement de la germination de graines ; ils conservent alors des caractères de juvénilité pendant plusieurs années : entrée tardive en production et caractère épineux prononcé ;

– soit propagés par greffe sur des agrumes de même espèce qu'eux-mêmes ou sur des porte-greffes bien adaptés à la zone : ils produisent alors plus rapidement des lots homogènes de graines.

L'entretien général des arbres semenciers ne requiert pas de soins aussi attentifs que les sujets destinés à la production de greffons. Néanmoins, il convient de leur assurer une alimentation hydrominérale nécessaire au maintien d'un bon niveau de fertilité. Les branches basses doivent être taillées afin d'éviter de récolter des fruits ayant été en contact avec le sol.

Critères de sélection d'un porte-greffe

Depuis plusieurs dizaines d'années, les critères de choix d'un plant d'agrume ont évolué en entraînant un élargissement de la gamme des variétés et espèces disponibles pour servir de porte-greffes.

Cette tendance visant à augmenter le nombre de porte-greffes potentiellement utilisables s'est confirmée lorsqu'il s'est agi d'apporter une réponse à la menace parasitaire exercée par diverses maladies endémiques comme la tristeza, la gommose ou le *blight*. La meilleure stratégie de lutte consiste, en effet, à mettre au point des combinaisons résultant de l'assemblage adéquat d'une variété donnée avec un porte-greffe déterminé, conférant à la plante un caractère de résistance. Il en est de même pour la sélection d'agrumes adaptés à d'autres contraintes de type abiotique telles que l'alcalinité du sol ou la salinité des eaux d'irrigation.

Par ailleurs, les exigences actuelles de rendement et de qualité des fruits ont conduit à augmenter le nombre d'espèces et d'assemblages d'agrumes cultivés. Lorsque l'agrumiculteur achète un lot de plants greffés, il recherche tout à la fois une mise à fruit précoce, l'absence de caractères de juvénilité, une bonne uniformité des sujets et la meilleure adaptation possible aux contraintes du milieu qu'il veut mettre en valeur.

Dans l'intérêt des producteurs d'une région donnée, le pépiniériste devra donc proposer plusieurs options, afin de répondre à la diversité des situations et des demandes.

Grille de sélection d'un porte-greffe

L'analyse bibliographie exhaustive faite par Filleron (1996) a permis d'élaborer une grille simplifiée de 15 porte-greffes évalués par rapport à leur réponse à diverses contraintes (tableau 3) ; elle permet d'orienter le choix du pépiniériste qui doit tenir compte de plusieurs critères : contraintes pédoclimatiques, sanitaires, type de cultivar développé et conduite culturale choisie.

Contraintes d'origine tellurique

Les contraintes d'origine tellurique sont tout d'abord liées aux qualités physico-chimiques du sol, à la composition des eaux d'irrigation, ainsi qu'aux conditions de sécheresse. Ces facteurs concernent, par ailleurs, les maladies et ravageurs du sol : les *Phytophthora* sp., les pourridiés, les nématodes et le charançon *Diaprepes abbreviatus* qui est propre à la zone Antilles.

Contraintes phytosanitaires de type viral

Ces contraintes ont également deux composantes. Elles concernent, d'une part, les maladies transmissibles par la greffe ou par divers vecteurs, qui entraînent une dégénérescence de l'association porte-greffe/greffon pouvant conduire à la mort de l'arbre ; il s'agit le plus souvent de traumatismes concernant la ligne de greffe (par exemple : tristeza *stricto sensu, tatter leaf,* etc.) ou de problèmes plus complexes affectant plus ou moins directement la circulation de la sève élaborée (huanglungbin-greening) ou de la sève brute (*blight*). Elles s'appliquent, d'autre part, aux maladies d'affaiblissement de l'écorce ou du bois du porte-greffe (psorose, exocortis, cachexie, cristacortis) qui seules, ou en combinaison, peuvent entraîner des baisses de rendement d'environ 20 à 60 % (Vogel et Bove, 1982).

Effets sur la qualité des fruits

En fonction du type de porte-greffe choisi, la qualité de la récolte effectuée sur une variété donnée – principalement d'oranges, de mandarines ou de leurs hybrides – pourra varier de façon assez notable sur le calibre du fruit, l'épaisseur et la couleur de la peau ou les teneurs en jus, en sucres et en acidité titrable. Sur les citrons, les limes ou les pomelos, l'incidence du porte-greffe sur la qualité des fruits sera, toutefois, sensiblement moins prononcée.

Comportement de l'association

Le choix du porte-greffe influe sur la vigueur de l'arbre, son rendement, sa précocité de mise à fruit, ainsi que sa résistance au froid.

Affinité

La notion d'affinité physiologique est liée à la compatibilité de soudure de l'assise cambiale et des vaisseaux libéro-ligneux et, par corollaire, à la circulation de la sève entre le porte-greffe et le greffon.

La présence d'un bourrelet de greffe (figure 12) traduit une mauvaise circulation de la sève descendante défavorable à la nutrition hydrocarbonée des racines. Dans le cas d'un goulot d'étranglement, la vigueur du porte-greffe se trouve freinée au niveau du greffon. Une des conséquences en est la réduction de taille de la couronne, donnant des arbres « compacts » ou nains. Cette particularité peut être exploitée pour les vergers plantés à haute densité.

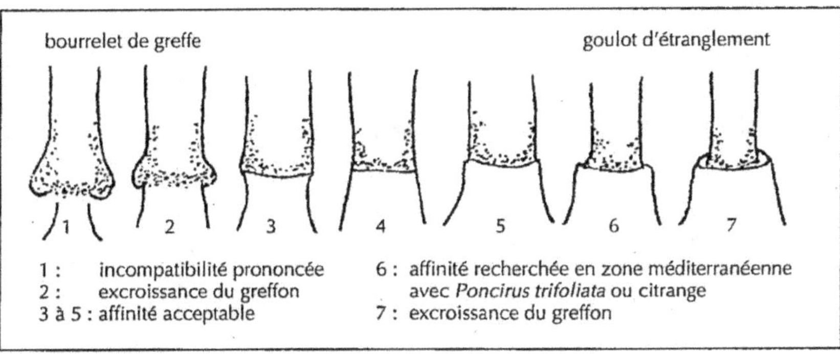

Figure 12. Schéma de l'expression, au niveau du point de greffe, de différents degrés d'affinité porte-greffe/greffon.

Cas particulier de la tolérance au calcaire et à la salinité

En région méditerranéenne, la tolérance du porte-greffe au calcaire et à la salinité constitue un impératif majeur. En effet, il est classique de trouver des vergers installés sur des sols à forte teneur calco-magnésienne et qui, de surcroît, peuvent être irrigués avec des eaux chargées en chlorures, notamment chlorure de sodium.

Le choix du porte-greffe devra alors tenir compte des caractéristiques du sol et des eaux d'irrigation.

Sol

L'indice de salinité du sol (IS), également appelé coefficient d'absorption SAR, donne une première échelle d'appréciation. Il exprime la proportion de sodium par rapport au calcium et au magnésium selon la formule :

$$SSI = \frac{Na^+}{\sqrt{\dfrac{Ca^{++} + Mg^{++}}{2}}}$$

où Na^+, Ca^{++} et Mg^{++} sont exprimés en meq/100 g de sol

Tableau 3. Grille de sélection d'un porte-greffe en fonction des aptitudes recherchées.

Porte-greffe	→	1	2	3	4	5	6	7	8	9	10	11	12	13	14	15	Détail des abréviations
Conduite en pépinière	→	FC	FC	D	FC	M	FC	-	FC	M	TD	D	FC	D	FC	FC	FC : facile M : moyen D : difficile TD : très difficile
Caractéristiques du sol et de l'eau																	
Terre sableuse		Ba	Ma	Ma	Na	Na	Ma	Ma	Ba	Na	Na	Ma	–	–	Ma	Ba	
Terre limoneuse		Ma	Ma	Ba	Ba	Ma	Na	Na	Na	Ba	Ba	Ma	Ma	–	Ba	Ma	
Résistance sécheresse		Ba	Ma	Ma	Ma	Ma	Ma	Ma	Ba	Na	Na	Ma	Ma	–	Ma	Ba	Ba : bien adapté
Sol calcaire		Ba	Ma	Ma	Na	Na	Na	Na	Ma	Na	Ma	Ba	Ma	–	–	Ma	Ma : moyennement adapté
Sol acide		Na	Ma	Ma	Ba	Ba	Ba	Ba	Ma	Ba	Ba	Ma	–	–	Ba	Ma	Na : non adapté
Chlorures		Ba	Ma	Ma	Na	Na	Ma	Ma	Ma	Na	Na	Ma	Ma	Ba	Ma	Ba	
Bore		Ba	Ma	Ma	Ma	Ma	Ma	–	–	Na	Na	Ma	Ma	Ba	Ma	Ma	
Maladies et ravageurs du sol																	
Phytophthora		R	R	R	T	T	T	R	S	T	R	S	T	–	T	S	R : résistant
Pourridiés		R	R	R	S	S	–	–	R	T	T	S	T	–	T	S	T : tolérant
Nématodes		S	S	S	–	MS	MS	MS	S	T	T	S	S	–	–	MS	MS : moyennement sensible
Charançon Diaprepres sp.		T	S	–	S	S	S	–	S	S	–	S	S	–	–	S	S : sensible
Maladies d'association																	
Blight		S	MS	–	S	S	MS	MS	S	S	–	MS	–	–	–	S	R : résistant
Tristeza forme stricte		S	S	T	T	T	T	T	T	T	T	T	T	–	T	T	T : tolérant
Tatter leaf		–	T	T	S	S	S	S	–	S	S	T	T	–	T	T	MS : moyennement sensible
Exocortis		T	T	T	S	S	MS	T	T	S	S	T	T	–	–	S	S : sensible

	1	2	3	4	5	6	7	8	9	10	11	12	13	14	15
Viroses affaiblissant le bois ou l'écorce du porte-greffe															
Psorose	T	T	T	T	T	T	T	T	T	T	–	S	–	T	S
Cristacortis	T	S	–	T	T	T	–	T	T	T	S	S	–	T	S
Cachexie-xyloporose	S	T	–	T	T	T	–	MS	T	T	T	S	–	–	S
Concave gum	–	–	–	–	–	–	–	–	T	T	T	–	–	–	–
Woody gall	–	–	–	–	–	–	–	S	T	T	MS	–	–	–	S
Tristeza forme stem pitting	S	–	–	T	T	T	T	T	R	R	T	MS	–	T	S
Effets sur qualité fruits pour oranges, mandarines et hybrides															
Calibre	E	M	–	M	M	M	–	E	Fb	Fb	M	E	–	M	E
Épaisseur peau	Ep	Ep	–	Fn	Fn	Fn	–	Ep	Fn	Fn	M	–	–	Fn	Ep
Couleur peau	–	–	–	MC	TC	–	–	PC	TC	TC	MC	TC	–	MC	TC
Teneur jus	M	E	–	E	E	E	–	M	E	E	E	E	–	M	E
Extrait sec	Fb	E	–	E	E	M	–	Fb	E	E	E	E	–	M	Fb
Acidité titrable	Fb	E	–	E	M	M	–	Fb	E	E	M	E	–	M	Fb
Comportements de l'association															
Vigueur	TV	MV	–	MV	MV	MV	MV	TV	PV	N	MV	MV	–	MV	TV
Rendement	E	M	–	M	E	E	–	E	E	Fb	M	M	–	E	E
Mise à fruit	P	M	–	P	P	–	–	P	Ta	Ta	T	–	–	P	P
Résistance au froid	PR	MR	–	MR	TR	MR	TR	PR	TR	TR	MR	–	–	MR	PR

R : résistant
T : tolérant
MS : moyennement sensible
S : sensible

E : élevé(e)
M : moyen(ne)
Ep : épaisse
Fn : fine
PC : peu colorée
MC : moyennement colorée
TC : très colorée
Fb : faible

TV : très vigoureux
PV : peu vigoureux
MV : moyennement vigoureux
E : élevé ;
M : moyen
P : précoce ;
Ta : tardive
PR : peu résistant
TR : très résistant
MR : moyennement résistant

1 : Allemow *Citrus macrophylla*
2 : Bigarafie commun
3 : Bigaradier Gou Tou
4 : Citrange Carrizo
5 : Citrange Troyer
6 : Citumelo 4475
7 : Citumelo Sacaton
8 : *Citrus volkameriana*
9 : *Poncirus trifoliata*
10 : *Poncirus trifoliata* Flying-Dragon
11 : Mandarine Cléopâtre
12 : Tangelo Orlando
13 : *Severinia buxifolia*
14 : Mandarine Fuzhu : *Citrus erythrosa*
15 : Lime Rangpur

IS doit être inférieur à 4 pour la plupart des porte-greffes, mais il peut se situer entre 5 et 6 pour les porte-greffes tolérants et être égal à 8 pour les porte-greffes très tolérants.

Eau d'irrigation,

La salinité de l'eau d'irrigation peut être exprimée en mg/l (ou en ppm) d'éléments solubles totaux (EST) ou en conductivité électrique (CE).

Le paramètre EST prend en compte les cations calcium, magnésium, potassium, sodium et les anions chlore, sulfates, carbonates, ainsi que les ions azotés et phosphatés. Pour la plupart des porte-greffes, la somme de ces éléments ne doit pas dépasser 1 000 à 1 280 mg/l.

Il existe une relation entre la conductivité électrique CE et la teneur en éléments solubles totaux EST, qui est donnée par la formule :

EST (en mg/l) = 6,40 × CE (mS/m) à 25 °C où mS/m = milli siemens par mètre (voir chapitre « hors sol »).

Dans les solutions fertilisantes, il conviendra de respecter certains seuils en fonction des périodes d'irrigation ; ainsi, en hiver, EST sera de 1 280 mg/l, ce qui correspond à une conductivité de 200 ms/m (voir chapitres « hors sol » et « agrumes d'ornement ») ; en été, où les arrosages sont plus fréquents, le seuil sera de 768 à 960 mg/l, ce qui correspond à une conductivité de 120 à 150 ms/m.

Chlorures

L'effet toxique du chlore est à redouter pour certaines eaux chargées en sels.

Les porte-greffes les plus tolérants au chlore sont, par ordre d'importance, *Severinia buxifolia,* le mandarinier Cléopâtre et la lime Rangpur, qui supportent jusqu'à 25 meq/l et plus.

Le genre *Poncirus* ainsi que ses hybrides sont très sensibles au chlore et leur seuil de toxicité est atteint à 6 ou 7 meq/l, soit à environ 210 à 250 mg/l de chlorures (1 g/l de chlorures équivaut à 35,5 meq/l de Cl⁻). Des tests biologiques peuvent permettre de pallier l'absence de résultats d'analyses du chlore : des semis de *Poncirus trifoliata* ou de cédrat Etrog montreront des brûlures foliaires dès le seuil de 200 mg/l.

Bore

Dans certaines eaux de puits, les teneurs en bore peuvent atteindre le seuil de toxicité de 2 ppm, que ne supportent pas la plupart des porte-greffes. Le genre *Severinia* et le bigaradier peuvent toutefois s'accommoder de teneurs allant jusqu'à 4 ppm.

Dans la pratique, il est impossible d'accumuler tous les avantages sur un seul porte-greffe. Un récapitulatif de la sensibilité de certains porte-greffes au calcaire, au chlore et au bore présents dans le sol est proposé dans le tableau 4.

Tableau 4. Différents degrés de sensibilité au calcaire et aux sels.

	Calcaire	Chlore	Bore
Severina buxifolia	S	S	R
Mandarinier Cléopâtre	MS	R	MS
Lime Rangpur	T	T	MS
Bigaradier	T	MS	MS
Citrus macrophylla	T	MS	MS
Rough lemon	MS	MS	MS
Citrus volkameriana	T	MS	MS
Citrange Carrizo	MS	MS	MS
Poncirus trifoliata	S	S	S

R : résistant ; T : tolérant ; MS : moyennement sensible ; S : sensible

Descriptif des porte-greffes conventionnels

Le cadre général de la sélection et de la propagation des porte-greffes d'agrumes étant défini, il est utile de proposer au praticien pépiniériste un descriptif des principaux porte-greffes utilisés le plus communément dans divers pays agrumicoles. Le porte-greffe idéal n'existant pas, il conviendra, bien sûr, de choisir le meilleur compromis possible.

Bigaradier ou *Citrus aurantium* (oranger amer)

Il s'agit du porte-greffe le plus anciennement utilisé et qui reste encore dominant dans bien des pays du Bassin méditerranéen. Il tend à perdre sa place prépondérante, en raison des associations sensibles qu'il constitue vis-à-vis du virus de la tristeza.

Aptitudes agronomiques

C'est un porte-greffe qui craint les excès d'eau et les sols lourds ; il est relativement tolérant aux chlorures, assez tolérant au calcaire et s'adapte à une large gamme de types de sols.

Sensibilité aux maladies et parasites

Le bigaradier est sensible au *mal secco*, une maladie du système vasculaire due à *Phoma tracheïphila* ; il donne des associations sensibles au virus de la tristeza, notamment avec le mandarinier, l'oranger et ses hybrides ou le pomelo, mais pas avec le citronnier ou le bergamotier. En contrepartie, il donne des associations tolérantes au *blight*.

Il est tolérant à la cachexie-xyloporose et à l'exocortis, résistant à la gommose à *Phytophthora,* mais sensible aux nématodes notamment ceux du type *Tylenchulus semipenetrans.*

Influence sur le comportement du scion, sur la récolte et sur la qualité

Le bigaradier utilisé comme porte-greffe améliore peu la résistance au froid de l'ensemble de l'arbre. Il induit une productivité moyenne ou bonne et confère une qualité du fruit acceptable. Il a une bonne affinité avec toutes les variétés, sauf avec les kumquats et avec certains mandariniers du type des satsumas.

Comportement en pépinière

Les plants de semis sont vigoureux, avec un bon enracinement à la fois traçant et pivotant. Le bigaradier est peu sensible aux fontes de semis et à la bactériose due à *Pseudomonas*. Il est sensible au choc du repiquage, ce qui peut entraîner une certaine hétérogénéité dans les planches où il est installé. En cas de conduite de la pépinière en pleine terre, il n'est pas conseillé de semer le bigaradier plusieurs fois au même endroit, car on risque de voir apparaître des phénomènes de «fatigue» des sols.

Poncirus trifoliata

Les diverses variétés de ce genre monospécifique possèdent une grande résistance au froid (jusqu'à – 15 °C) qui est partiellement conférée au scion. Ce porte-greffe est donc recommandé pour les zones à hiver marqué.

Aptitudes agronomiques

Poncirus trifoliata supporte bien les terres humides et l'asphyxie, mais il craint les sols secs. En revanche, il montre une grande sensibilité au calcaire et aux chlorures. C'est un porte-greffe mal adapté aux régions chaudes et arides (zones soudano-sahéliennes) (Rey, 1997).

Sensibilité aux maladies et aux parasites

Ce porte-greffe résiste très bien à la gommose à *Phytophthora*; il est tolérant à la cachexie-xyloporose, ainsi qu'aux nématodes, notamment ceux du type *Tylenchulus semipenetrans*. Il forme des associations tolérantes à la tristeza, mais il est sensible à l'exocortis et au *blight*.

Influence sur le comportement du scion, sur la récolte et la qualité

Le *Poncirus* améliore sensiblement la résistance au froid de l'ensemble de l'arbre. Il améliore la qualité des fruits, notamment par une augmentation des sucres solubles (gain minimal de 1 °brix). Il présente une bonne affinité avec toutes les espèces, sauf avec quelques citronniers et certaines limes.

La mise à fruits est plus tardive qu'avec le bigaradier, mais, à partir de la 7ᵉ année et jusque vers la 14ᵉ année, les récoltes augmentent régulièrement et rapidement.

Ce porte-greffe confère un moindre développement aux arbres et il peut, en conséquence, être planté à plus forte densité, assurant un bon rendement à l'hectare (voir chapitre «plantation et conduite du verger»).

Comportement en pépinière

Les semis de *Poncirus* présentent fréquemment des plantules albinos qu'il faut écarter. La croissance des jeunes plantules est lente et retarde de plusieurs mois les périodes favorables au greffage. Le port est buissonnant, rendant plus difficile le greffage. Il est recommandé de trier systématiquement les sujets de *Poncirus* à forme élancée.

Ce porte-greffe développe un enracinement puissant, à la fois traçant et pivotant. Il est peu sensible au choc du repiquage et à la fonte des semis.

Citrange Troyer issu du croisement *Citrus sinensis* × *Poncirus trifoliata*

Cet hybride interspécifique a été obtenu en Californie vers 1909, à partir d'un croisement entre un oranger et un *Poncirus*.

Aptitudes agronomiques

Le citrange Troyer supporte les sols moyennement humides et résiste à une teneur en calcaire supérieure à celle tolérée par le *Poncirus*. Il est sensible aux chlorures et craint les sols secs. Son comportement est médiocre en régions chaudes et sèches de type soudano-sahélien (Rey, 1997).

Sensibilité aux maladies et parasites

Ce porte-greffe est assez résistant à la gommose à *Phytophthora*, mais, associé au clémentinier, il apparaît parfois de petites craquelures sur le bourrelet de greffe, lesquelles peuvent être colonisées par du *Phytophthora* sp. et former alors des poches de gomme juste au-dessus de la ligne de greffe. Jusqu'ici, cette anomalie a plutôt été observée dans les régions sahéliennes.

Le citrange Troyer forme des associations tolérantes à la tristeza ; il est tolérant à la cachexie-xyloporose, mais sensible à l'exocortis, au *blight* et aux nématodes. En zone antillaise, il s'est montré sensible aux attaques de *Diaprepas abbreviatus*, un charançon des racines.

Influence sur le comportement du scion, sur la récolte et la qualité

Le citrange troyer n'améliore que légèrement la résistance au froid. Il induit rapidement la mise à fruit et assure une production élevée. Les fruits sont souvent de petit calibre mais de bonne qualité, notamment dans le cas de l'association clémentinier/Troyer.

Comportement en pépinière

Les plantules du citrange Troyer ont un développement très vigoureux. Elles sont peu sensibles à la fonte des semis et résistent correctement au choc du repiquage. L'enracinement est plutôt de type pivotant, ce qui peut poser quelques problèmes au moment de l'arrachage en motte. Les tiges sont droites et vigoureuses, facilitant ainsi le greffage.

Citrange Carrizo issu du croisement *Citrus sinensis* × *Poncirus trifoliata*

Cet hybride est issu d'un croisement semblable à celui du citrange Troyer. Ses aptitudes de porte-greffe sont supérieures, ou au moins égales, à celles de ce dernier. Aujourd'hui, le citrange Carrizo devient l'un des porte-greffes les plus utilisés dans plusieurs grands pays agrumicoles de la zone tropicale et subtropicale.

Aptitudes agronomiques

Ce porte-greffe a les mêmes aptitudes que le citrange Troyer, mais il est plus résistant aux chlorures.

Sensibilité aux maladies et parasites

Le citrange Carrizo donne des associations tolérantes à la tristeza et sa résistance aux nématodes est meilleure qu'avec le citrange Troyer. Il semble moins sensible à certains viroïdes et, pour les autres caractères, il est comparable à cet autre porte-greffe.

Influence sur le comportement du scion, sur la récolte et la qualité

La productivité du citrange Carrizo est très élevée, sans diminution du calibre des fruits. Pour le reste, il est comparable au citrange Troyer.

Comportement en pépinière

Ce porte-greffe se comporte globalement comme le citrange Troyer, mais il présente un enracinement plus dense et plus profond.

Mandarine Cléopâtre ou *Citrus reticulata Blanco*

Ce porte-greffe est utilisé pour sa tolérance à la cachexie-xyloporose et à l'exocortis. Il donne également des associations tolérantes à la tristeza et, bien qu'à un moindre degré, au *blight*. Il ne supporte que les sols légers et bien drainés. La productivité et la qualité des fruits sont moyennes. Il est sensible à la gommose et à *Phytophthora*, mais tolère bien les chlorures et le calcaire. Son comportement en pépinière est médiocre. La germination des graines est capricieuse, les plantules sont sensibles à la fonte des semis et le greffage est souvent délicat.

Citrus volkameriana

À l'origine, ce porte-greffe avait retenu l'attention pour sa résistance au *mal secco*. C'est un bon porte-greffe « passe-partout », notamment pour les citronniers, les limettiers et divers autres agrumes.

Aptitudes agronomiques

Citrus volkameriana est assez résistant aux chlorures, s'adapte bien en sols secs mais nécessite des sols aérés. Il supporte moyennement les sols lourds et résiste mal à l'asphyxie.

Sensibilité aux maladies et parasites

Ce porte-greffe résiste correctement à la gommose à *Phytophthora* et il donne des associations tolérantes à la tristeza, à l'exocortis, à la cachexie, mais sensibles au *blight*.

Influence sur le comportement du scion, sur la récolte et la qualité

Citrus volkameriana assure une bonne résistance au froid. Il confère à l'arbre une assez grande vigueur et, en association avec le citronnier Eurêka, sa productivité est forte. Il semble induire une certaine alternance des récoltes ; il abaisse légèrement la teneur en jus et en extraits solubles des oranges et mandarines.

Comportement en pépinière

Les graines de cet agrume germent facilement et les plantules sont vigoureuses. Son enracinement est bon. Le greffage est aisé et la reprise est assurée. C'est un porte-greffe intéressant pour les pays qui n'ont pas développé de système de certification rigoureux et qui peuvent être confrontés à des problèmes de calcaire et de salinité, pour l'Égypte ou les pays du Moyen-Orient, par exemple.

Citrus macrophylla

Ce porte-greffe peut être également recommandé de préférence pour les citronniers et les limettiers à gros fruits, dans les régions indemnes de tristeza.

Aptitudes agronomiques

Citrus macrophylla est sensible au froid et aux sols humides. En revanche, il supporte des teneurs élevées en chlorures et s'accommode de sols très calcaires. Il donne également des associations de bon comportement en régions arides de type sahélien (régions le plus souvent indemnes de tristeza).

Sensibilité aux maladies et parasites

Ce porte-greffe est tolérant à la gommose à *Phytophthora* et réagit bien aux autres attaques racinaires, de *Diaprepes abbreviatus* en particulier, en raison de son aptitude à régénérer rapidement les racines lésées. Il est tolérant à l'exocortis, mais sensible à la tristeza ainsi qu'à la cachexie-xyloporose. La sensibilité à la tristeza est plus marquée lorsque le virus contamine le sujet avant greffage, ce qui est le cas lorsque la maladie est transmise par des pucerons à de jeunes semis.

Influence sur le comportement du scion, sur la récolte et la qualité

Citrus macrophylla confère une bonne mise à fruit et a une forte affinité avec les citronniers et les limettiers. Il a tendance à faire diminuer la teneur en sucres solubles des oranges, mandarines et de leurs hybrides.

Comportement en pépinière

Le semis est facile et l'enracinement des plantules est bon. Le greffage est aisé. C'est un excellent porte-greffe d'amplification du matériel végétal initial, mais son utilisation en verger de production reste limitée. Dans certains sols très calcaires du sud de l'Espagne, il est néanmoins préféré aux autres porte-greffes.

Poncirus Flying-dragon

C'est un porte-greffe appartenant à l'espèce *Poncirus trifoliata* dont il possède un certain nombre de qualités. En revanche, sa croissance est très lente et il confère aux assemblages un effet nanisant pouvant être marqué pour les pomelos et tangelos, ou très marqué pour les orangers et mandariniers.

Aptitudes agronomiques

Le *Poncirus* Flying-dragon supporte des terres relativement humides ; il est très sensible au calcaire et aux chlorures. Sa croissance est ralentie dans les sols légers et sablonneux.

Sensibilité aux maladies et parasites

Le Flying-dragon est résistant à la gommose à *Phytophthora* et à la tristeza. Il est sensible à l'exocortis mais tolérant aux nématodes.

Influence sur le comportement du scion, sur la récolte et la qualité

Ce porte-greffe est incompatible avec le citronnier Eurêka. Il a un effet nanisant sur toutes les variétés ; cela permet d'obtenir de petits arbres, très productifs, plantés à forte densité, sur lesquels la récolte des fruits est aisée. Comme *Poncirus trifoliata*, il induit des fruits de bonne qualité.

L'expérience a montré qu'en zone tropicale (Antilles) il s'associe bien avec le pomelo Star Ruby et le tangelo Orlando. Les arbres obtenus sont très productifs et d'un gabarit moyen 2 à 3 m de haut au stade adulte, ce qui autorise des densités de plantation de 800 arbres/ha environ (Mademba-Sy et Cao Van, 1993).

Comportement en pépinière

Dans les semis de Flying-dragon, de nombreuses plantules sont aberrantes. Il est donc difficile de sélectionner précocement les meilleurs sujets. Le greffage est assez délicat.

Les citrumelos issus du croisement *Citrus paradisi* × *Poncirus trifoliata*

Les citrumelos sont des hybrides de pomelos et de *Poncirus trifoliata*. Une longue série d'observations a conduit à préférer les citrumelos comme porte-greffes des grapefruits ou pomelos, notamment la sélection Swingle, ou 4475, qui donne des arbres produisant, vite, des fruits de bonne qualité. Le Swingle est un porte-greffe tolérant à la tristeza et relativement moins sensible au *blight* que les citranges et les *Poncirus*. Il préfère les sols sableux aux sols argileux, résiste à la sécheresse, mais montre une certaine sensibilité au sel. Il peut convenir aussi pour l'oranger et le mandarinier.

Le taux de polyembryonie du Swingle n'étant que de 60 %, il convient d'effectuer un tri sévère dans les semis en pépinière pour maintenir une descendance homogène, conforme au parent.

Un autre citrumelo, le Sacaton, présente une bonne affinité avec le citronnier.

Porte-greffes traditionnellement utilisés en Asie tropicale et subtropicale

En Asie, des porte-greffes spécifiques sont utilisés depuis longtemps dans les deltas rizicoles ; c'est le cas notamment des mandariniers Fuzhu et Sunki en Chine, ou d'un hybride de bigaradier et de pamplemoussier au Vietnam. Aux Philippines,

les porte-greffes les plus utilisés sont un mandarinier proche de Cléopâtre, appelé
« Calamandarin », et, à moindre degré, le mandarinier Szinkom. En Indonésie,
c'est plutôt *Citrus amblycarpa* qui est retenu.

Tous ces porte-greffes présentent un fort degré de polyembryonie. Bien qu'utilisés
à très grande échelle dans ces régions, ils n'ont pas fait l'objet d'études systématiques de comportement en essais comparatifs au champ. Leur grand intérêt est
de donner des associations tolérantes à la tristeza, au *tatter leaf* et à l'exocortis,
maladies souvent répandues dans ces zones. Par ailleurs, ils s'adaptent en général
assez bien aux conditions humides des deltas rizicoles.

Essais de porte-greffes

En Corse, près de 120 porte-greffes ont été étudiés pour rechercher les meilleures
combinaisons possibles avec le clémentinier et divers autres agrumes (Blondel,
1974 ; Jacquemond et de Rocca Serra, 1992). La Corse figure avec la Floride
(Castle, 1993), l'Afrique du Sud (Rabe *et al.*, 1993) et l'Australie (Barkley et
Sarooshi, 1993), parmi les principales régions où des essais de grande envergure ont été conduits sur les porte-greffes, en parcelles expérimentales et sur de
longues séries chronologiques (20 à 30 ans et plus).

Création de nouveaux porte-greffes

Porte-greffes issus de croisements contrôlés

Une série de nouveaux porte-greffes a été obtenue par fusion gamétique. Des
études systématiques ont été conduites par Graham et Castle (1993) pour évaluer
la capacité de ces nouveaux sujets à résister aux attaques de *Phytophthora* et à
régénérer leur système d'enracinement en présence de différentes concentrations
de chlamydospores de *Phytophthora* sp.

Les nouveaux citrumelos F80-3 et F80-4, ainsi que le citrange C35 (un hybride
de *P. trifoliata* × Ridge Pineapple 1573-26) et *Citrus obovoidea*, ont montré les
meilleurs types de comportement. Le Citrumelo 1452 se place aussi en bonne
position, alors que l'hybride 39 (Cléôpatre × *P. trifoliata*), le bigaradier Gou
Tou, le citrange Morton ou le Yuzu (*Citrus junos*) ont, dans l'ensemble, affiché
une assez grande sensibilité aux attaques de *Phytophthora* et un faible taux de
régénération des racines.

Porte-greffes obtenus par fusion somatique

Huit caractéristiques, au moins, ont pu être identifiées comme devant être
recherchées pour la sélection de nouveaux porte-greffes ; elles concernent le
comportement de l'arbre vis-à-vis de :
— la composition du sol : tolérance à l'alcalinité, au chlore ou au bore ;
— l'humidité du sol : résistance à la sécheresse ou à l'asphyxie ;
— des attaques parasitaires : agents de la tristeza, nématodes, *Phytophthora* ;
— la capacité de régénération des racines.

Par ailleurs, les caractères génétiques majeurs de résistance à ces différentes contraintes biotiques et abiotiques sont répartis dans trois groupes de porte-greffes (tableau 5) et sont difficilement combinables par voie sexuée, principalement en raison de :

– la polyembryonie qui rend difficile l'obtention de populations hybrides importantes ;

– l'hétérozygotie élevée de la plupart des porte-greffes et cultivars qui rend peu probable l'obtention de descendants cumulant l'ensemble des gènes dominants favorables des deux parents ;

– l'incompatibilité sexuelle entre genres éloignés et la faible fertilité des hybrides entre certains genres sexuellement compatibles (Nito et Hakihama, 1990).

En réponse aux problèmes posés, la technique d'hybridation somatique semble prometteuse. Elle permet de cumuler tous les gènes des deux parents, quels que soient leurs niveaux d'hétérozygotie, et de combiner des génomes sexuellement incompatibles (Gmitter *et al.*, 1992). On espère cependant que l'ensemble des caractères dominants des deux géniteurs s'exprimera chez l'hybride somatique (Grosser et Gmitter, 1991 ; Ollitrault *et al.*, 1996).

Une vingtaine de combinaisons interspécifiques et intergénériques sont en cours d'évaluation agronomique en tant que porte-greffes en Floride (Grosser, 1990 ; Gmitter *et al.*, 1992 ; Grosser *et al.*, 1992 et 1994). Certains de ces hybrides s'avèrent prometteurs (Grosser *et al.*, 1997).

L'héritabilité, dans les schémas d'hybridation somatique, des tolérances aux contraintes biotiques (*Phytophthora*, nématodes, viroïdes, agent de la tristeza, etc.) et aux contraintes abiotiques n'est toutefois pas encore clairement établie. C'est pourquoi des programmes internationaux d'évaluation en réseau sont en cours de montage pour préparer une nouvelle génération de porte-greffes capables d'affronter les contraintes que l'on anticipe pour le IIIe millénaire. Ces programmes prévoient, en particulier, la mise en place de techniques de criblage accéléré (Sagee *et al.*, 1995 ; Ollitrault *et al.*, 1997), par applications successives ou concommittantes de différents niveaux de stress.

Tableau 5. Répartition en 3 groupes des caractères génétiques les plus intéressants à introduire dans de nouveaux porte-greffes créés par fusion somatique.

	Eromocitrus glauca	*Severinia buxifolia*	*Poncirus trifoliata*	*Citrus oboboidea*
Alcalinité	R	MS	S	T
Chlore	R	R	S	T
Bore	R	R	S	T
Sécheresse	R	R	MS	T
Tristeza	T	T	R	MS
Nématodes	S	TT	R	S
Phytophtora	T	T	R	R

R : résistant ; TT : très tolérant ; T : tolérant ; MS : moyennement sensible ; S : sensible

Porte-greffes transgéniques

Les agrumes, comme beaucoup d'autres organismes vivants, font aujourd'hui l'objet de travaux visant à obtenir des plantes génétiquement transformées. Un des objectifs recherchés est de cloner le gène de la résistance à la tristeza (caractère monogénique dominant), en vue de le transférer et le faire s'exprimer sur divers types d'agrumes. Il s'agit d'un projet en cours d'avancement (Gmitter, 1997). Des porte-greffes, comme le bigaradier ou le *Citrus macrophylla*, connus pour leur tolérance au calcaire et à la salinité, pourraient ainsi revenir à l'honneur dans les territoires affectés par cette maladie virale. D'autres stratégies en cours d'élaboration faisant appel aux techniques ADN antisens, ou aux «planticorps» sont ciblées sur le contrôle d'autres maladies de dégénérescence.

Alternatives à la propagation de porte-greffes par semis

Qu'elles soient répandues ou encore de type exploratoire, plusieurs techniques, en cours de développement, permettent de produire des porte-greffes par d'autres voies que celle de reproduction sexuée, conventionnellement utilisée.

Marcottage

Le marcottage aérien direct permet de s'abstenir d'un porte-greffe. Cette pratique est courante en Thaïlande, Malaisie et Indonésie où environ 3 M de mandariniers et de pamplemoussiers sont produits de cette façon. Ce mode de multiplication est très exigeant en matériel végétal de propagation et incompatible avec les exigences d'un système de certification sanitaire. En effet, il entraîne d'importants risques de dissémination des maladies (huanglungbin-greening, souches sévères de tristeza, chancre citrique, etc.). Les arbres ainsi obtenus, sans pivot radiculaire, sont généralement installés dans les zones de deltas rizicoles à nappe phréatique affleurant.

Production de porte-greffes par vitroculture

En Floride (aux États-Unis), une firme privée (Certicorp laboratories) s'est lancée dans la production de porte-greffes par vitroculture. Ce mode de propagation pourrait se développer à l'avenir pour les porte-greffes de nouvelles générations à faible taux de polyembryonie. En France, les établissements Delbard proposent, quant à eux, un porte-greffe (mandarinier de Chine) propagé par méthode *in vitro* de prolifération d'apex, car, bien qu'il soit de type polyembryoné, les graines de ce porte-greffe, qui est adapté aux zones de delta rizicole, sont peu disponibles.

Greffe de bouture herbacée

Le greffage, sur table, de boutures vertes de porte-greffes est dénommé «greffe-bouture-herbacée» (GBH). À l'origine, ce procédé a été mis au point sur la vigne dans le cadre d'une collaboration avec le groupe Mumm-Perrier-Jouet (n° de patente 8704968). Cette technique fait l'objet d'un transfert technologique sur rosier, *Mimosa* sp. et *Citrus* sp., effectué par l'Inra (Rancillac *et al.*, 1997).

Elle s'applique parfaitement aux agrumes, mais entraîne un point de greffe très bas et un système radiculaire traçant qui, s'ils sont acceptables pour un plant d'ornement, le deviennent moins pour un arbre fruitier de plein-vent. Cette nouvelle voie de propagation peut constituer un moyen efficace d'amplification du matériel végétal S_0, lorsque celui-ci n'est disponible au départ qu'en très faible quantité, ce qui est souvent le cas. Le fait de travailler sur des tissus extrêmement jeunes permet d'écourter de façon spectaculaire les temps de soudure et de rhizo-génèse du complexe GBH. La technique peut trouver également un débouché dans la production de plants d'ornement.

Multiplication par microbouturage

La nécessité de multiplier rapidement le nouveau matériel végétal issu de la fusion somatique a conduit à mettre au point un procédé d'amplification des porte-greffes par microbouturage. La technique consiste à faire s'enraciner des segments de jeunes rameaux non encore aoûtés, composés d'un talon, d'un œil et d'une feuille. Le talon est traité dans une solution d'hormone d'enracinement, puis mis à raciner dans un substrat en laine de roche. Les microboutures sont placées en incubateurs saturés en humidité, sous une température et un éclairement correctement dosés. Après trois à quatre semaines dans de telles conditions, elles ont formé des racines suffisamment vigoureuses pour être repiquées en serre. Les taux de reprise peuvent atteindre 90 % (Auran *et al.*, 1997) et les coefficients d'amplification dépendent de la vigueur des pieds mères de départ. Lorsque ces derniers ont été « forcés » en serre climatisée, il est aisé d'atteindre des taux de multiplication proches de ceux obtenus pour l'amplification de greffons (annexe V).

Bibliographie

Auran G., Dambier D., Bakry F., Aubert B., 1997. Rapid propagation of citrus somatic hybrid rootstocks by microcutting. *In : Proceeding V World Congress ISCN*, March 1997, Montpellier, France. Cirad-Flhor ed.

Barkley P., Sarooshi R., 1993. Citrus rootstock screening in New South Wales, Australia. *In : Proceedings of the IV World Congress of ISCN*. Johannesbourg, South Africa, June 1993. Stellenbosch, South Africa, Express Litho, E. Rabe ed., 242-249.

Blondel L., 1974. *Influence des porte-greffes sur la qualité des fruits de Citrus*. Fruits 24 (4) : 285-290.

Castle W.S., 1993. Performance of citrus scions and rootstocks under trial in Florida. In : *Proceedings of the IV World Congress of ISCN*. Johannesbourg, South Africa, June 1993. Stellenbosch, South Africa, Express Litho, E. Rabe ed., 319-327.

Filleron E., 1996. Établissement d'une base de données « Porte-greffes agrumes ». Cirad-Flhor/Inra, 105 p.

Gmitter F.G., Denn Z., Moore G.A., 1997. Utilisation of DNA markers in citrus breeding program. *In : Proceedings of the V ISCN Congress*, March 1997, Montpellier, France. Cirad-Flhor ed.

Graham J.H., Castle W.S., 1993. Screening citrus génotypes for tolerance to Phytophthora root rot chlamydospore-infested soil. *In : Proceedings of the IV World Congress of ISCN*, June 1993, Johannesbourg, South Africa. Stellenbosch, South Africa, Express Litho, E. Rabe ed., 307-315.

Grosser J.W., 1990. Citrus Rootstock Improvement By Cell Fusion. *Citrus and Vegetable Magazine* 9 : 28-32.

Grosser J.W., Gmitter F.G., Sesto F., Deng X.X., Chandler J.-L., 1992. Six new somatic Citrus hybrids and their potential for cultivar improvement. *J. Amer. Soc. Hort. Sci.* 117 (I) : 169-173.

Grosser J.W., Louzada E.S., Gmitter F.G., Chandler J.-L., 1994. Somatic hybridization of complementary citrus rootstocks : five new hybrids. *Hortscience* 29 (7) : 81.2-813.

Grosser J.W., Garnsey S.M., Halliday C., 1996. Assay of sour orange somatic hybrid Rootstocks for quick decline disease caused by Citrus tristeza Virus. *In : Abstract of the VIII Congress Int. Soc. Citriculture*, May 1996, Sun City, South Africa.

Grosser J.W., Gmitter F.G., Castle W.S., 1993. Somatic hybrid rootstocks from cellfusion : production and evaluation. *In : Proceedings of the IV World Congress of ISCN*, June 1993, Johannesbourg, South Africa. Stellenbosch, South Africa, Express Litho, E. Rabe ed., 174-179.

Grosser J.W., Gmitter F.G., William Jr, Castle S., Chandler J.-L., 1997. Citrus somatic hybridization : a new approach to citrus rootstock improvement. *In : Proceedings of the V ISCN Congress*, March 1997, Montpellier, France. Cirad-Flhor ed.

Jacquemond C., De Rocca Serra D., 1992. Citrus rootstock selection in Corsica for 30 years. *In : Proceedings of VII International Conference of Int. Soc. Citriculture*, Italy. p. 241-251.

Mademba-Sy F., Cao Van P., 1993. Utilization of dwarfing citrus rootstock in the establishment of high density orchards under humid tropical conditions. *In : Proceedings of the IV World Congress of ISCN*, June 1993, Johannesbourg, South Africa. Stellenbosch, South Africa, Express Litho, E. Rabe ed., p. 334-345.

Nito N., Akihama T., 1990. Prospect of citrus and related genera for disease resistant rootstocks. *In : Proceedings IV Asia-Pacific Conference on Citrus réhabilitation*, February 1990, Chiang Mai, Thaïlande. Hongkong, Chine, B. Aubert ed., UNDP-FAO Regional project RAS/86/022, p. 39-47.

Ollitraut P., Dambier D., Sudahono, Luro F., 1996. Somatic hybridization in citrus; some new hybrid and alloplasmic plants. *In : Abstract VIII Congress Int. Soc. Citriculture*, May 1996, Sun City, South Africa.

Ollitraut P., Dambier D., Bakry F., Auran G., Aubert B., 1997. Somatic hybridization to answer the challenge of rootstock selection for the Mediterranean Bassin in the Proceed. *In : Proceedings of the V ISCN Congress*, March 1997, Montpellier, France. Cirad-Flhor ed.

Rabe E., Coetzee J.G.R., Lee A.T.C., 1993. Rootstocks of Southern Africa : an overview. *In : Proceedings of the IV World Congress of ISCN*, June 1993, Johannesbourg, South Africa. Stellenbosch, South Africa, Express Litho, E. Rabe ed., p. 266-277.

Rancillac M., Vernoy R., Thermoz J.-P., Bounot D., 1997. The herbacrous grafted cutting, a one-step new method applied to citrus species. *In : Proceedings of the V ISCN Congress*, March 1997, Montpellier, France. Cirad-Flhor ed.

Rey J.-Y., 1997. L'agrumiculture de la production agrumicole d'Afrique de l'Ouest et du Centre. *In : Proceedings of the V ISCN Congress*, March 1997, Montpellier, France. Cirad-Flhor ed.

Sagee O., Shaked A., Hasdai D., Hamou M., 1995. Rapid évaluation of new citrus rootstocks under semi-natural conditions. *Acta Horticulturae* 349 : 197-201.

Vogel R., Bove J.-M., 1982. Influence de maladies transmissibles sur le développement et la production du clémentinier en Corse. *Fruits* 37 (4) : 229-236.

Annexe I - La polyembryonie : un mode de reproduction rencontré sur agrumes

Les graines, ou pépins, de certaines espèces d'agrumes présentent la particularité, lors de leur germination, de donner non pas une seule, mais plusieurs plantules : elles sont dites «polyembryonées», car elles renferment plusieurs embryons ; ils ont deux origines différentes.

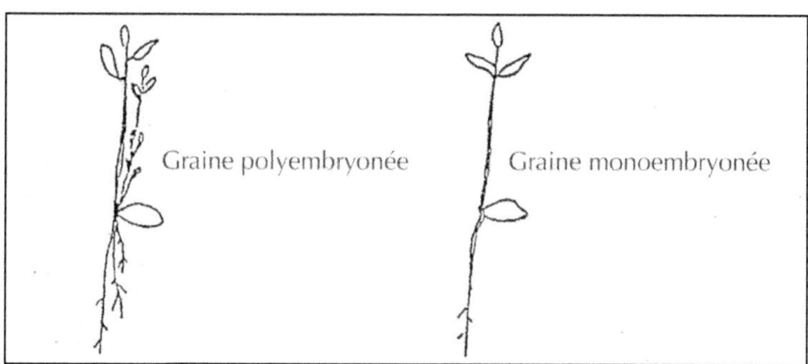

Comparaison de la germination d'une graine polyembryonée et d'une graine mono-embryonée.

Origine des embryons

Les embryons formés à l'intérieur du pépin d'agrume sont de deux types :
– l'embryon zygotique provient de la fusion des gamètes mâle et femelle. Cet embryon hérite donc des caractéristiques combinées du parent mâle apportées par le pollen et de celles du parent femelle contenues dans l'oosphère ;
– les embryons nucellaires sont issus du développement des cellules du tissu nourricier de l'ovaire. Ils donnent, pour cette raison, des individus identiques au pied mère, car ils hébergent le même stock chromosomique que lui. Le développement de ces embryons est souvent plus rapide que celui de l'embryon zygotique, ce qui entraîne, en règle générale, l'atrophie ou l'avortement de celui-ci ;

Degré de polyembryonie

Le degré de polyembryonie varie selon les espèces et les cultivars :
– chez certains cultivars comme les cédratiers, pamplemoussiers, clémentiniers, bergamotiers, le pépin ne contient qu'un embryon zygotique. Il s'agit donc de génotypes monoembryonés ne pouvant être multipliés de façon conforme par semis ;
– dans d'autres cas, le degré de polyembryonie est très élevé : 90 % ou plus. C'est un avantage qui est exploité pour la propagation de lots de porte-greffes homogènes : bigaradier, *Poncirus trifoliata,* citranges, etc. Cette propriété est utilisée également pour régénérer de vieilles lignées d'orangers, mandariniers, pomelos et hybrides, infectées de maladies transmissibles par la greffe qui ne sont, en effet, que très rarement propagées par semis. La procédure est désignée sous le terme de sélection nucellaire ;

– certains types d'agrumes présentent un taux de polyembryonie intermédiaire situé entre 60 à 70 % : il s'agit des citrumelos ou du porte-greffe Flying-Dragon, par exemple. Dans ce cas, un tri sévère doit être effectué en pépinière pour éliminer tous les plants qui sont soit trop petits, soit trop grands par rapport à la moyenne générale, car ils présentent une plus grande probabilité d'être d'origine zygotique.

Tableau récapitulatif des types de polyembryonie rencontrés chez la graine des principaux cultivars d'agrumes.

Type polyembryonie en % (*)		Type intermédiaire en % (*)		Type monoembryoné
Bigaradier	85	Mandarinier King	11 à 21	Cédratier
Poncirus et citranges	75 à 90	Citronnier Eurêka	33	Pamplemoussier
Mandarinier Cléopâtre	90	Citronnier Femminello	69	Clémentinier
Tangelo Orlando	83	Citrumelo Sacaton	70	Bergamotier
Lime mexicaine	78			
Rough lemon	94			
Pomelo Marsh	96			
Oranger Washington	98			
Organger Valencia	79 à 85			
Mandarinier Dancy	95			

* Taux d'embryons nucellaires dans la descendance de semis.

Caractères de juvénilité

Quelle que soit leur origine, les plants issus de graine présentent des caractères de juvénilité qu'ils conservent pendant les 6 à 8 premières années de leur vie : aspect très épineux, quasi-absence de floraison, premiers fruits grossiers. Certaines pratiques horticoles, comme le forçage sur axe unique suivi d'un palissage à l'horizontal et d'une arcure, peuvent accélérer l'effacement des caractères de juvénilité.

Annexe II - La graine

La graine provient de la transformation de l'ovule après la fécondation. Sa forme peut être de type deltoïde (oranger), cunéiforme (pamplemoussier) ou globulaire (mandarinier). Elle renferme deux cotylédons, un embryon zygotique et, le cas échéant, des embryons nucellaires. La graine est recouverte de deux enveloppes tégumentaires, une enveloppe externe, ou « *testa* », de couleur jaune paille, et une enveloppe interne ou « *tegumen* ».

L'enveloppe externe présente une surface ridée et mucilagineuse avec une petite expansion aplatie à l'une des extrémités de la graine. C'est un tégument qu'il est utile de scarifier ou d'attaquer chimiquement pour hâter la germination de la graine, surtout si elle provient d'un lot de pépins conservés depuis plusieurs mois. Un traitement de 30 minutes à la soude (NaOH) à 5 % ou à l'eau oxygénée (H_2O_2) à 3 % pendant 12 heures permet d'obtenir une germination plus rapide et plus homogène.

Le « *tegumen* » est une membrane interne et fine qui entoure complètement les embryons. Il résulte de la transformation du tégument interne de l'ovule.

Il est possible d'identifier, en partie, l'origine d'une graine en observant la couleur de la chalaze et celle des cotylédons.

Le point de chalaze

Le point de chalaze se situe à l'endroit où le faisceau libéro-ligneux du placenta pénètre dans l'ovule. Sa coloration est fonction de la variété ou de l'espèce.

Variation de coloration de la chalaze selon l'espèce et le groupe d'agrume considéré.

	Crème	Marron	Marron foncé	Brun clair	Brun rougeâtre	Lie de vin	Pourpre clair	Pourpre	Pourpre foncé
Bigarade			●	●	●				
Cédrat à jus acide								●	●
Cédrat à jus non acide	●								
Citrange		●							
Citron							●	●	
Orange blonde à jus acide		●	●	●					
Orange blonde à jus non acide	●								
Orange sanguine						●			
Lime à chair acide				●	●				
Lime à chair non acide	●								
Pamplemousse				●	●				
Pomelo		●	●						
Poncirus				●					

Les cotylédons

Lorsque la graine renferme un seul embryon, les deux cotylédons sont généralement de grosseur égale. À l'inverse, pour les graines de type polyembryoné, un des deux cotylédons est plus gros que l'autre. La couleur des cotylédons varie selon l'appartenance botanique.

Cultivars d'agrumes classés selon la couleur de leurs cotylédons.

Blancs	Verts
Oranger	Kumquat
Bigaradier	Calamondin
Pomelo	Certains limettiers
Pamplemoussier	*Citrus amblycarpa*
Limettier acide	
Cédratier	
Poncirus	
Citranges	

4

Production et multiplication des greffons de qualité

Cette phase de la production de matériel végétal requiert tous les soins du pépiniériste, car elle engage encore plus l'avenir des vergers que le choix du porte-greffe lui-même. En effet, avant d'entreprendre un programme de greffage, le pépiniériste multiplicateur doit s'assurer à la fois de la conformité variétale des greffons qu'il va utiliser et de leur état sanitaire. Cela va l'obliger à se mettre en rapport avec un établissement officiel habilité à distribuer des greffons certifiés, issus de matériel initial S_0 (sélection de prébase au niveau zéro). S'il vise une activité de multiplication sous contrat de ce matériel initial, il doit être en mesure de se le procurer. De même s'il s'inscrit dans un schéma de production de plants certifiés, ses sources d'approvisionnement en greffons seront du matériel de base S, (voir figure 7). L'importance qu'il doit accorder à la qualité de ses greffons est essentielle en raison du nombre et de la diversité des organismes nuisibles affectant les agrumes. En effet, plus d'une trentaine de maladies transmissibles par la greffe, dues à des organismes de type viroïdes, virus, mycoplasmes ou bactéries ont pu être dénombrées et réparties en 3 groupes A, B et C (tableau 6). Les maladies du groupe A peuvent être évitées grâce à l'emploi de matériel végétal sain au départ, le respect des filiations sanitaires lors du greffage et la désinfection systématique des outils de taille. Celles du groupe B requièrent, outre la filiation, la mise en place de stratégies spécifiques, notamment vis-à-vis des vecteurs. Enfin, celles du groupe C sont à éradiquer au niveau des parcs semenciers. Le travail de dépistage et d'assainissement sera donc particulièrement important et complexe.

Ce n'est que lorsque le problème d'approvisionnement en matériel certifié est résolu que le pépiniériste peut définir sa stratégie d'amplification ou de propagation de ce matériel. Celle-ci doit tenir compte des risques épidémiologiques auxquels il est exposé. Les risques sont essentiellement liés aux maladies transmissibles par voie naturelle : vecteurs pour certains virus ou bactéries des tissus vasculaires ; spores d'origine sexuée ou asexuée pour certains champignons : agents du cercospora dû à *Phaeoramularis angolensis* en Afrique, de l'oïdium causé par *Oïdium tingitaninum* en Asie, du *mal secco* attribué à *Phoma tracheiphila* en régions méditerranéennes ou du scab développé à partir de contaminations par *Elsinoe fawcettii* en Amérique latine. La pluie, le vent et les outils de taille pourront aussi intervenir dans la transmission des bactéries de surface telles que

Tableau 6. Maladies de dégénérescence des agrumes transmissibles par la greffe, réparties en 3 groupes.

Groupe A : maladies de dégénérescence uniquement transmissibles par la greffe, causées par des virus ou des viroïdes

Anomalie ligne de greffe oranger/Rough lemon, Blight, **Cachexie-xyloporose,** Citrange stunt, Citrus leaf rugose, Citrus mosaic, Citrus yellow mottle, Citrus variegated chlorosis, Cristacortis, Concave gum blind pocket, **Exocortis,** Frisolée panachure infectieuse, Gummy bark, Gum pocket, Impietratura, Incompatibilité kumquat Nagami/citrange Troyer, Kassala, Leaf curl, Multiple sprouting, Rubery wood, Ringspot, **Satsuma dwarf, Tatter leaf bud union disorder**, Tobacco necrosis citrus isolate, Yellow vein.

en gras : maladies transmissibles par outils de taille.

Groupe B : maladies de dégénérescence transmises par la greffe et par arthropodes vecteurs

Maladies		**Vecteurs**
Nuanglungbin-greening	bactérie	*Trioza erytreae* (del Guercio)***
		Diaphorina citri Kuwayama***
Chlorose variéguée des agrumes (CVC)	bactérie	*Dilobopterus costalimai***
		*Acrogonia terminalis***
		*Oncometopia sp.***
Stubborn	mycoplasme	*Neoaliturus haematoceps* Mulsant et Rey**
		Neoaliturus tenellus Baker*
Balai de sorcière d'Oman	phytoplasme	*Hishimonus phycitis* (Distant)**
Seedling yellow	virus	*Toxoptera citricidus* Kirkaldy**
		Aphis gossypii Glover*
Tristeza	virus	*Toxoptera citricidus* Kirkaldy***
		Aphis gossypii Glover**
		Aphis spiraecola Patch**
		Toxoptera aurantii Boyer de Foscolombe**
		Aphis craccivora Koch*
		Aphis nerii Boyer de Foscolombe*
		Aphis fabae Scopoli*
		Myzus persicae Sulzer*
Vein enation Woody gall	virus	*Myzus persicae* Sulzer*
		Toxoptera citricidus Kirkaldy**
		Aphis gossypii Glover*
Léprose	virus	*Brevipalpus obovatus* Donn**
		Brevipalpus phoenicis Geijskes**
Frisolée d'Adana	virus	*Parabemisia myriceae* (Kuwana)**

Groupe C : maladies non transmissibles par arthropodes, mais susceptibles de passer par la graine au moment des semis

Psorose écailleuse*, Frisolée panachure infectieuse*.

---

* transmission très occasionnelle – ** transmission occasionnelle – *** transmission très efficace

Pseudomonas ou Xanthomonas. L'ouvrage de Whitesidi *et al.* (1988) présente un inventaire et une description de toutes ces maladies. Les symptômes de quelques-unes d'entre elles sont présentés dans les planches II et III. Pour les maladies transmissibles par la greffe il est conseillé de se reporter aux ouvrages de Bove et Vogel (1980) et Bove (1995).

De nombreuses maladies de dégénérescence transmissibles par la greffe sont inscrites dans la liste des organismes de quarantaine. En d'autres termes, la libre circulation du matériel végétal présumé infecté par les agents pathogènes impliqués dans de telles maladies est légalement interdite par les états producteurs non contaminés (voir chapitre sur «l'approvisionnement en plants d'élite»).

Certaines affections fongiques ou bactériennes, telles que la cercosporiose africaine, le chancre citrique, le *mal secco* ou l'oïdium asiatique peuvent figurer également dans cette liste des organismes de quarantaine. D'autres parasites, comme *Phythophthora* sp. ou *Pseudomonas*, sont classés comme simples organismes affectant la qualité.

L'assainissement du matériel végétal est donc une phase essentielle dans le travail de sélection conservatoire pour s'affranchir des contraintes imposées par ces divers organismes nuisibles. Cette opération doit, de plus, être suivie d'une vérification de l'état sanitaire par indexation.

L'assainissement du matériel végétal S_0

Le travail d'assainissement n'est pas confié au pépiniériste, car il nécessite la collaboration de toute une équipe spécialisée. Il est néanmoins utile que les professionnels de la pépinière soient en contact permanent avec de telles équipes, de façon à :
– être informés des évolutions en matière d'extension des endémies, de leur diagnostic, de leur dépistage et de leur contrôle ;
– connaître les nouvelles variétés assainies inscrites au catalogue ;
– confier à ces équipes un travail d'assainissement sur de nouvelles mutations repérées au champ, mais dont il faut vérifier le statut sanitaire.
Sans entrer dans le détail de la procédure d'assainissement, on signalera que les baguettes de greffons soumises à ce traitement passent par les étapes suivantes :
– désinfection de surface par trempage de 15 minutes dans un bain d'hypochlorite de sodium à 0,5 % de chlore actif, additionné d'un mouillant, de type Tween à 0,1 % par exemple ;
– forçage des baguettes en conditions stériles à 32 °C et 16 heures d'éclairage de jour, sous une intensité d'éclairement de 1 200 lux, pendant 10 à 14 j, pour provoquer le débourrement ;
– prélèvement de minuscules morceaux d'apex de 0,2 mm sur les jeunes pousses de greffon et transfert de ces explants, par microgreffage, sur une pousse de porte-greffe obtenue préalablement en étiolation sous condition stérile ;
– après reprise de cette greffe d'apex, transfert et acclimatation de cet assemblage sous serre.

Cette technique, imaginée par Murashige *et al.* en 1972, a été perfectionnée par Navarro *et al.* en 1975 pour sa part stérile, puis par De Lange en 1978 et de nouveau améliorée par Nicoli en 1985 pour sa phase d'acclimatation en serre.

L'assainissement par microgreffage d'apex présente plusieurs avantages :
– les organismes infectieux de type viroïdes, virus ou procaryotes peuvent être éliminés de l'échantillon infecté ;
– c'est une procédure qui préserve l'intégrité génétique des tissus traités ;
– contrairement à la propagation par graine (sélection nucellaire), elle n'entraîne pas l'apparition de caractères de juvénilité ;
– sa mise en œuvre par des équipes entraînées est assez rapide : il faut environ deux ans pour restituer des lots assainis à partir du matériel de départ.

Indexation ou vérification sanitaire du matériel végétal S_0, S_1, S_2

L'indexation est le maillon essentiel de la chaîne de propagation du matériel végétal. Cette opération doit être systématiquement pratiquée sur tous les greffons candidats au statut de matériel initial S_0, y compris sur ceux qui ont fait l'objet d'un assainissement par microgreffage, car, selon les cas, les taux de réussite oscillent entre 30 et 80 %. L'objectif de l'indexation est de faire un diagnostic aussi poussé que possible, en utilisant des techniques de dépistage les plus performantes, régulièrement mises à jour par les pathologistes de l'Organisation internationale des virologistes des agrumes (IOCV).

Les procédures de diagnostic utilisées sont de deux ordres, tests de laboratoires d'une part et indexation sur plantes indicatrices d'autre part.

Tests de laboratoire

Selon le seuil de précision désiré, ces tests font appel à plusieurs méthodes utilisées soit séparément soit en combinaison :
– la sérologie est utilisée pour le test Elisa (*enzyme linked immuno-sorhent assay*), l'immunofluorescence, l'immunocapture, la microscopie électronique immuno-absorbante ou l'immuno-empreinte ;
– la biologie moléculaire intervient pour l'électrophorèse séquentielle, l'isolement d'ARN bicaténaire, l'hybridation moléculaire, l'amplification en chaîne. par polymérase (ACP) ou par ACP emboîtée (*nested* PCR, *assay* NPCRA), l'ACP transcriptase réverse (RT PCR) et l'ACP transcriptase réverse bidirectionnelle (RT PCR BD) ;
– la culture sur milieu synthétique acellulaire s'effectue dans le cas des bactéries de surface, champignons et mycoplasmes.

Indexation sur plantes indicatrices

Avec ce procédé, les symptômes spécifiques d'une maladie sont identifiés sur des plantes cultivées sous serre (figure 13) et utilisées comme indicateurs biologiques. Ce matériel de référence est inoculé avec un échantillon de tissu de la variété à tester : morceau d'écorce (figure 14a), de feuille (figure 14b) ou brindille verte (figure 14c), selon le cas.

Une fois inoculées, les plantes indicatrices sont mises à incuber soit en serre chaude, soit en serre tempérée ou fraîche, selon le type de pathogène recherché.

Diverses informations concernant le dépistage d'une vingtaine de maladies par utilisation de plantes indicatrices ont été regroupées dans l'annexe III. Pour plus de détails, on peut se reporter à des ouvrages spécialisés (Bove et Vogel, 1980 ; Roistacher, 1991 ; Roistacher, 1995).

L'indexation sur plante indicatrice nécessite de bons équipements en serres compartimentées. En effet, pour valider un diagnostic, il importe de pouvoir disposer de témoins positifs et de contrôles sains.

Au total, la procédure d'assainissement par microgreffage d'apex demande environ 60 jours ; l'indexation, qui permet de confirmer l'absence de maladies de dégénérescence, peut commencer vers le 6e mois et durer 2 ans, sauf si la variété candidate provient d'un pays contaminé par le *gummy bark* (Soudan, Égypte, etc.), car cette affection, encore très longue à détecter, nécessite 2 à 3 années supplémentaires d'observation. Il faudra toutefois attendre environ 3 à 5 ans, en plus des étapes d'assainissement et d'indexation, pour que les tests de conformité pomologique soient terminés et que la nouvelle variété puisse être officiellement distribuée.

Figure 13. Serre étanche aux insectes utilisée pour l'indexation sur plantes indicatrices en vue de la production de matériel initial S_0 (Adana, Turquie).

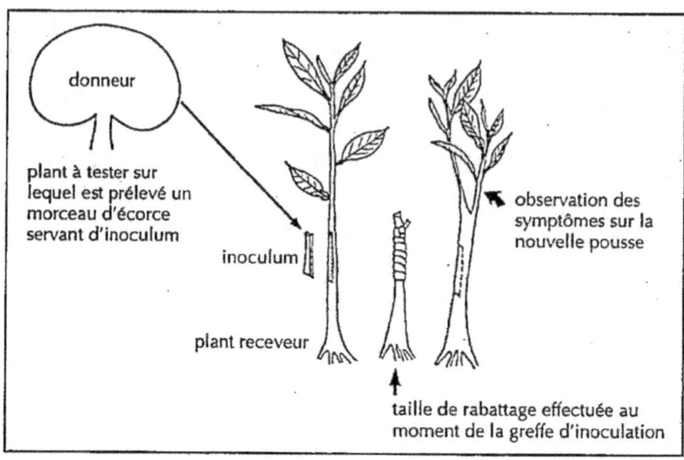

Figure 14 a. *Greffe par placage d'écorce, utilisée pour détecter la plupart des maladies virales.*

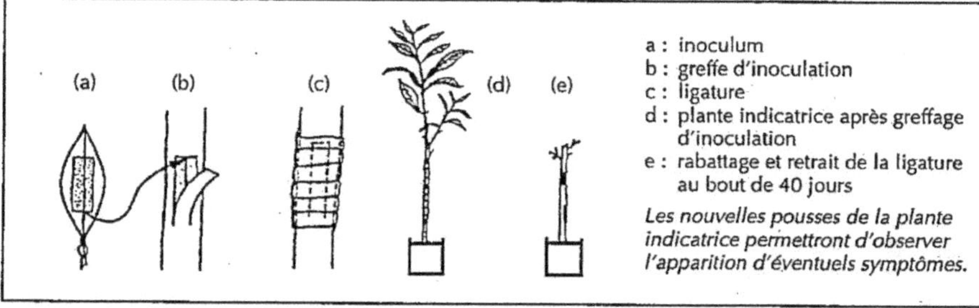

Figure 14 b. *Greffe par incrustation d'un morceau de feuille, pour le stubborn et le huanglungbin-greening.*

Figure 14 c. *Greffe de rameau en fente de côté pour la maladie d'Oman.*

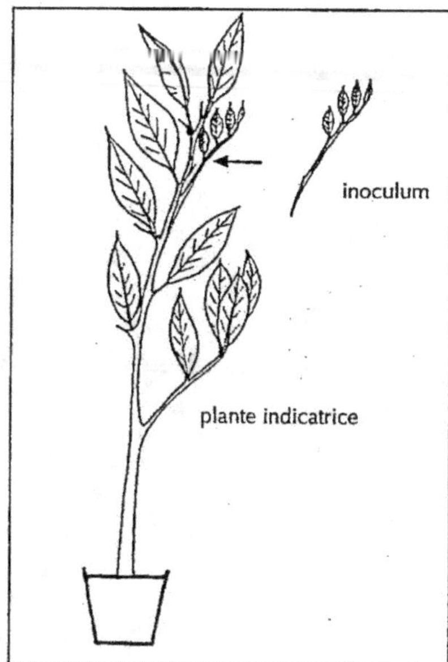

Note :

La transmission d'une maladie par greffe d'inoculation apporte la preuve de son caractère infectieux et systémique. FAWCETT (1936) a été le premier à utiliser cette technique sur agrumes, démontrant ainsi que l'écaillement d'écorce était une maladie infectieuse qu'il a appelé la psorose.

Figure 14. Différents types de greffes d'inoculation pratiquées pour l'indexation sur plantes indicatrices.

Organismes ou institutions délivrant des greffons assainis et indexés

Il n'existe qu'un nombre assez limité d'organismes capables de fournir des greffons assainis et indexés. Par ailleurs, la gamme de matériel végétal disponible – variétés ou nombre de greffons par variété – est assez variable d'un centre national à l'autre.

La FAO (Food and Agricultural Organization of the United Nation, Rome, Italie) et l'IPGRI (International Plant Genetic Resources Institute, Rome, Italie), après consultation de l'IOCV, ont dressé une liste d'adresses à laquelle les pépiniéristes peuvent se référer pour les échanges internationaux de greffons (Frison et TAHER, 1991). Cette liste a été complétée par Roistacher en 1991. Nous proposons sa mise à jour dans le tableau 7.

Tableau 7. Liste des programmes de sélection conservatrice et années de leur lancement.

Pays	Année de mise en route	Sites des conservatoires
Zone méditerranéenne		
France	1959	SRA San Giuliano, Corse
Espagne	1972	IVIA, Valencia; AVASA, Castellon
Italie	1975	ISC, Catania, Sicile
Israël	1975	Volcani Institute, Rehovot
Maroc	1976	SODEA, Temara
Grèce	1977	ISTC, Chania, Crète
Turquie	1985	Université, Adana; MINAGRI, Antalya
Portugal (Algarve)	1990	Centro de Citricultura, Faro
Tunisie	1994	GIAF-Inra
Autres régions		
États-Unis	1952	CCPP, Riverside
Australie	1965	BCRI, Rydalmere NSW
Afrique du Sud	1972	SACIP, Port Elisabeth
États-Unis	1972	FCBRP, Lake Alfred
Japon	1983	FTRS, Tsukuba
Brésil	1988	CNRGB, Brasilia

Voir liste des sigles en fin de volume.

La France a été, avec les États-Unis, parmi les premiers pays à engager systématiquement un travail d'assainissement et de sélection conservatrice des greffons. Cette activité est principalement réalisée à la station de recherches agronomiques (SRA) de San Giuliano en Corse laquelle héberge le conservatoire français de matériel initial de niveau S_0 (Anonyme, 1992). Ce centre dispose de 150 pieds mères de porte-greffes et 1 140 accessions de variétés ou cultivars (annexe IV). Sa capacité de production est d'environ 20 000 baguettes de greffons et 150 kg de graines par an.

Le verger « parc à bois »

Lorsque les conditions phytosanitaires le permettent, c'est-à-dire en zones où il n'existe pas de maladie à forte incidence économique se propageant par vecteurs, la formule du verger parc à bois est, à l'heure actuelle, la meilleure possible. Bien qu'encore retenue dans diverses régions du monde, elle tend à être remplacée par le système de blocs d'amplification qui offre plus de garanties phytosanitaires.

Densité de plantation et taille

Les espèces et variétés retenues sont greffées sur des porte-greffes vigoureux afin d'obtenir un nombre maximal de greffons *(Citrus macrophylla, Citrus volkameriana)*.

Le verger parc à bois doit être planté à forte densité (3,5 m × 5 m), car le volume des arbres sera réduit du fait des tailles régulières à effectuer un an sur deux, sur une moitié de la couronne. Ces tailles sont destinées à favoriser l'émission de nouvelles pousses. Elles doivent être faites tôt en saison, avant la poussée végétative printanière qui, en Corse, par exemple, se situe à la mi-février.

Les arbres reçoivent une fumure abondante et le dernier apport d'azote doit être réalisé plus tôt que pour les vergers de production de fruits de façon à faciliter l'aoûtement des bois destinés au greffage.

Les quelques fruits produits sont soigneusement examinés pour vérifier leur conformité avec les modèles retenus.

Les traitements phytosanitaires contre les maladies et ravageurs sont effectués plus fréquemment que dans les vergers de production, car les bois de greffe ne doivent pas constituer une source d'infestation pour les futures parcelles de production. Par ailleurs, le taux de résidus en pesticides ne revêt pas la même importance que pour le verger fruitier.

Production et récolte des bois de greffe

Pour décider de l'importance à donner au verger parc à bois, il faut connaître la production potentielle de greffons par arbre et/ou par variété (tableau 8).

Tableau 8. Données de production de baguettes* par arbre et par variété, estimées à 10 ou 15 % près, recueillies sur des arbres de 5 ans en Corse.

Variétés	Nombre de baguettes/arbre
Kumquat	120
Citronnier	60
Clémentinier	90
Oranger Washington Navel	60
Oranger Valencia Late	70

*: une baguette permet d'effectuer une dizaine de greffes à l'œil.

Les meilleurs «écussons» pour le greffage sont obtenus sur des arbres âgés d'au moins 5 à 6 ans, à condition qu'ils soient prélevés sur des rameaux cylindriques d'un an (non anguleux), issus de pousses de l'année. Les rameaux plus jeunes peuvent être utilisés lorsque la greffe en placage est pratiquée.

Les baguettes de greffons doivent être coupées avec un sécateur désinfecté systématiquement entre chaque arbre par trempage dans une eau de javel du commerce, non diluée (12° chlorométriques).

Les feuilles sont sectionnées au ras du point d'attache du limbe. Les baguettes sont regroupées par 20 ou 25, enveloppées dans un morceau de toile humide, étiquetées avec mention du numéro de l'arbre pied mère et de la variété, puis trempées dans une solution aqueuse à 0,5 % de bénomyl et additionnée de 0,5 % de captane pour une désinfection de surface.

Après essuyage et séchage doux à l'ombre, ce qui permet d'éviter leur dessiccation, les greffons peuvent être utilisés. Si les baguettes doivent attendre ou voyager plus de 24 heures avant d'être utilisées, il faut obturer leurs extrémités par de la paraffine et les placer en sacs de polyéthylène soudés. Chaque sac ne doit contenir qu'une seule variété et être étiqueté à l'intérieur et à l'extérieur.

Pour des conservations de plus longue durée, certaines précautions doivent être prises : les bois récoltés tôt en hiver (début janvier) et destinés au greffage en couronne au printemps s'avèrent se conserver mieux que ceux récoltés plus tard en saison. La température la plus favorable à la conservation des lots de baguettes est de l'ordre de 10 °C, sous hygrométrie de 75 % à 90 %. Un mois après la mise en chambre froide, les sacs sont ouverts et tous les pédoncules détachés sont éliminés. Les greffons sont réemballés puis stockés comme indiqué précédemment. La qualité et la viabilité du matériel ainsi conservé ne peuvent être garanties au-delà de 2,5 à 3 mois.

Pour une conservation de plus longue durée, il est possible de maintenir les baguettes de greffons à 4,5 °C, excepté celles de pomelos qui doivent l'être entre + 8 °C et + 10 °C. Dans ce cas également, il faut effectuer une vérification mensuelle des lots pour éliminer la condensation qui se forme à l'intérieur des sacs, vider les pédoncules foliaires détachés et éliminer les baguettes qui commenceraient à moisir. Ainsi, les bois de greffe d'orangers ou de mandariniers peuvent être conservés jusqu'à 5 mois et plus.

Blocs d'amplification

En cas de pression parasitaire exercée par des maladies à forte incidence économique (tristeza, huanglungbin-greening, chancre citrique) qui se transmettent par voie naturelle, il est conseillé de procéder à l'amplification du matériel de base S_1 dans un verger parc à bois planté à ultra-haute densité (8 000 pieds/ha ou plus) et qui ne sera conservé que 3 ans. Ce verger reçoit une couverture chimique très suivie et sera entièrement arraché à la fin de la troisième année d'exploitation.

La collecte des greffons se pratique selon une exploitation ternaire et permet d'atteindre un coefficient d'amplification de 90 la première année (un œil produisant une pousse elle-même porteuse de 90 écussons en 12 mois), 130 la seconde année et 220 à 250 la troisième année (annexe V).

Il est quelquefois nécessaire de conduire ces blocs d'amplification sous cage d'isolement. Les plants sont alors cultivés le plus souvent en conteneurs (figure 8 et 16). Dans ce cas, les coefficients d'amplification peuvent être légèrement inférieurs à ceux décrits ci-dessus.

Une autre façon de procéder, appliquée à grande échelle dans la région de Tarragone, au nord de Valence en Espagne, consiste à confier le travail d'amplification du matériel initial S_0 à des pépiniéristes professionnels qui travaillent sous contrat et effectuent cette opération sous tunnels *insect-proof* en pleine terre. Les écussons provenant des lignées S_o (figure 15) sont greffés sur un porte-greffe très vigoureux planté à ultra-haute densité.

Figure 15. Matériel initial S_0 conservé en conteneur sous cage d'isolement et représentant la source d'approvisionnement pour la phase d'amplification S, (Adana, Turquie).

Il s'agit le plus souvent de *Citrus macrophylla ou de Citrus volkameriana*. Le cliché b de la planche IV présente l'aspect d'un bloc d'amplification en 2e année d'exploitation. L'amplification se déroule conformément au schéma d'exploitation ternaire décrit dans l'annexe V.

Cette méthode mise au point en Espagne est maintenant développée au Brésil (Carvalho *et al.*, 1997).

Figure 16. Cage d'isolement hégergeant des plants d'agrumes cultivés en hors-sol pour l'amplification en phase S_1 du matériel végétal certifié (Thaïlande).

Justification d'une conduite sous tunnel de protection de la phase d'amplification

Trois maladies, dont la distribution géographique est présentée sur la figure 17, justifient la conduite de la phase d'amplification S_1 sous tunnels de protection. Il s'agit :
– du chancre citrique occasionné par *Xanthomonas axonopodis* pv *citri,*
– du huanglungbin-greening transmis par psylles,
– de certaines souches sévères de tristeza.

On dispose, aujourd'hui, de moyens de détection très performants pour ces trois maladies.

• En ce qui concerne le chancre citrique, un fragment de l'ADN plasmidique de *X. axonopodis* pv *citri* a été identifié, puis séquencé, ce qui a permis de sélectionner une amorce pour mettre au point un protocole de détection par amplification en chaîne par polymérase (PCR) (Pruvost *et al.*, 1992). L'application de cette technique en détection colorimétrique des produits de l'amplification permet désormais un usage en laboratoire de diagnostic de routine (Hartung *et al.*, 1996). Ce procédé améliore la sensibilité de détection d'un facteur de 10 000, par rapport à la technique conventionnelle du test Elisa.

Avec ce nouvel outil, il sera donc désormais possible de mieux prévenir les attaques de chancre citrique, de piloter avec plus d'efficacité les programmes d'éradication de foyers accidentels et de fournir des plants certifiés indemnes de chancre citrique.

• Pour la maladie du huanglungbin-greening, l'isolement de sondes ADN spécifiques des deux liberobacters, à savoir la sonde In 2.6 spécifique de *Liberobacter asiaticum* et la sonde As 1.7 de *Liberobacter africanum*, permet également de détecter cette maladie par amplification ACP (Jagoueix *et al.*, 1996).

• Enfin, la technique RT PCR BD permet également de détecter, avec une certaine précision, la présence du *Citrus Tristeza Virus* (CTV) et de plusieurs types de souches, à plus ou moins grande virulence, seules ou combinées dans un même individu (Niblett *et al.*, 1997).

Il faut également noter que la maladie fongique du *mal secco*, qui figure sur la liste des organismes de quarantaine dans la réglementation européenne, peut également ment être détectée avec une grande fiabilité par amplification génique (Rollo *et al.*, 1987 ; Raciti, 1990).

L'ensemble de ces procédés permet donc d'aider les intervenants de la chaîne de propagation du matériel végétal à intensifier le niveau des prestations en vue de la fourniture de plants de qualité indemnes de maladies.

Règles concernant l'exploitation du matériel végétal

Les variétés d'élite peuvent faire l'objet d'une inscription sur le *Catalogue national.* Cette inscription permet d'orienter les filières agrumicoles en empêchant, par

Zone d'extension de l'agent du chancre citrique

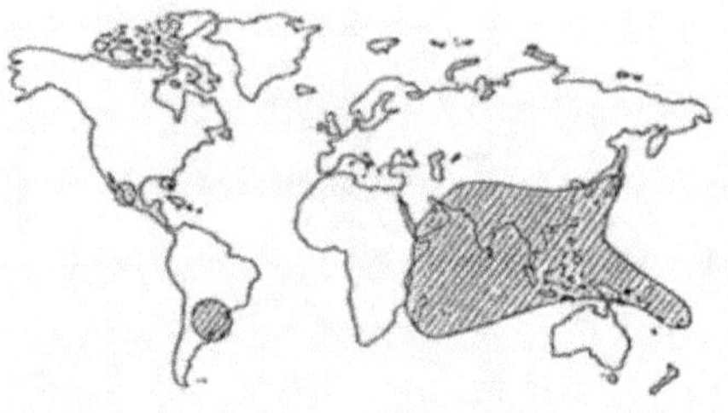

L'agent du chancre citrique *Xanthomonas Axonopodis* pv *citri* est disséminé par la circulation des greffons ou des fruits infectés. Sur courte distance (10 m), la propagation se fait aussi par la pluie et le vent. En zone infectée, la production de plants d'agrumes certifiés indemnes de chancre oblige à isoler la pépinière par un cordon sanitaire et à conduire les différentes phases de multiplication sous abri plastique.

Zone d'extension du virus de la tristeza (souches virulentes)

Ce virus, transmis par pucerons, est aujourd'hui répandu dans la plupart des pays producteurs d'agrumes. Certaines régions hébergent des souches très virulentes de tristeza, ce qui conduit à intégrer dans la chaîne de propagation du matériel végétal un système de prémunition croisée. Dans les pays où la maladie est endémique, la production de plants indemnes de tristeza oblige à conduire la pépinière sous cage d'isolement.

Zone d'extension du huanglunbin-greening

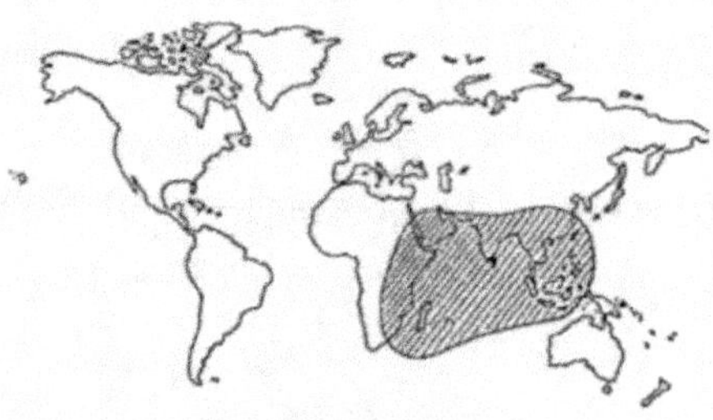

L'agent de cette maladie est une bactérie intracellulaire du phloème. La forme africaine du huanglungbin-greening est occasionnée par *Liberobacter africanum*. Elle est transmise par le psylle africain *Tryoza erytreae*. La forme asiatique est occasionnée par *Liberobacter asiaticum*. Elle est transmise par le psylle asiatique *Diaphorina citri*. Dans les pays où la maladie est endémique, la production de plants indemnes de huanglungbin-greening oblige à conduire la pépinière sous cage d'isolement ou, à la rigueur, en blocs d'amplification recevant une protection anti-psylles très suivie.

Figure 17. Distribution géographique de trois maladies infectieuses nécessitant des précautions particulières dans la gestion des pépinières agrumicoles.

exemple, les producteurs d'un pays d'avoir accès à des variétés jugées mal adaptées ou à risque. Le catalogue autorise la production et la commercialisation d'une variété inscrite sur le territoire national.

Pour les variétés nouvelles, l'obtenteur peut se voir délivrer un *Certificat d'obtention végétale* (COV) s'il peut démontrer que la nouvelle variété est :
– distincte de toute autre variété existant ;
– homogène, c'est-à-dire uniforme dans ses caractères pertinents ;
– stable lorsque soumise à des cycles de multiplication successifs.

L'UPOV (Union internationale pour la protection des obtentions végétales), dont le siège est à Genève, s'attache à faire valoir le droit exclusif de propriété d'un obtenteur. En clair, la délivrance d'un COV signifie que la variété est patentée et qu'elle ne peut être multipliée sans l'accord de l'obtenteur et le versement de royalties.

Peu de variétés d'agrumes sont aujourd'hui propagées selon le schéma COV, mais tout laisse penser qu'il sera à l'avenir mis en œuvre pour la distribution des nouvelles obtentions de porte-greffes et variétés issues des travaux de biotechnologie.

Bibliographie

Anonyme, 1992. *The citrus foundation unit of San Giuliano Station in Corsica* : a joint Inra/Cirad-Flhor program. Fruits 47 (6) : 697-714.

Blondel L., 1951. Obtention de plants apogamiques pour l'étude de leur résistance à la Psorose. Boufarik, Algérie, rapport de recherche, 15 p.

Bove J.-M., Vogel R., 1980. Description and illustration of citrus virus and viruslike diseases of citrus. Paris, France, locv/lrfa/Setco-Fruits, collection of colours slides.

Bove J.-M., 1995. Virus and virus-like diseases of citrus in the Near East région. Rome, Italie, Food and Agricultural Organization of the United Nations, 518 p.

Carvalho S.A., Machado M.A., Laranjeira F.F., Muller G.W., Pompeu J. Jr, Sobrinho J.J., 1997. Production of pathogen free citrus budwood in screenhouse in São Paulo, Brazil. In : *Proceedings of the V International Congress ISCN*, March 1997, Montpellier, France. Cirad-Flhor éd.

Cassin P.J., 1978. Sélection de lignées nucellaires. Initiation in vitro d'embryons nucellaires chez les variétés d'agrumes monoembryonées. *Fruits* 33 (11) : 743-750.

Chapot H., 1952. Inventaire des variétés d'agrumes réunies dans les stations régionales horticoles du Maroc. Rabat, Maroc, document service de l'Horticulture, avril n° 10, 5 p.

Chapot H., 1964. Inventaire des variétés d'agrumes en culture ou en collection au Maroc. *Cahiers Rech. Agron.* Maroc, 18 : 47-60.

Cottin R., 1996. A computerized management of citrus genetic resources featuring multilingual DBMS, bar code identification, and WWW server. Comm. présentée au IIe Congrès des Banques de Données, Toronto, Canada, octobre 1996.

Cottin R., 1997. EGID, a computerized citrus data base system. In : *Proceedings of the Intern. V Congress of ISCN*, March 1997, Montpellier, France. Cirad-Flhor ed..

De Lange J.H., 1978. Shoot-tip grafting, a modifical procedure. *Citrus and Subtropical Fruit Journal* oct 78 : 13-15.

Dosba F., Labergère M., 1997. Fruit tree certification in France and International context. *In : Proceedings of the Intern. V Congress of ISCN*, March 1997, Montpellier, France. Cirad-Flhor ed.

Fawcett H.S., 1936. New symptoms of psorosis, indicating a virus disease of citrus. Phytopathology 23 : 930, abstract.

Frison E.A., Taher M.M., 1991. FAO/IBPGR technical guidelines for the safe movement of citrus germplasm. Rome, Italie, IOCV/IPGRI, 20 p.

Hartung J.S., Pruvost O.P., Villfmot I., Alvarez A., 1996. Rapid and sensitive colorimetric detection of *Xanthomonas axonopodis* pv. *citri* by immunocapture and a nested-polymerase chain reaction assay. Phytopathology 86 (1) : 95-101.

Jagoueix S., Bove J.-M., Garnier M., 1996. Technique for the specific detection of the two huanglungbin (greening) liberobacter species : DNA/DNA hybridization and DNA amplification by PCR. *In : Proceedings of the XIII IOCV Conference*, November 1995, Fuzhou, Chine. Riverside, USA.

Luro F., 1993. Utilisation des marqueurs moléculaires pour la cartographie du génome et les études génétiques chez les agrumes. Bordeaux, France, Université de Bordeaux II, mémoire de thèse, 187 p.

Murashige T., Bitters W.S., Rangan T.S., Nauer E.M., Roistacher C.N., Holliday B.P., 1972. A technique of shoot apex grafting and its utilization towards recovering virus-free citrus clones. HortScience 7 : 118-119.

Navarro L., Roistacher C.N., Murashige T., 1975. Improvement of shoot-tip grafting *in vitro* for virus-free citrus. J. Amer. Soc. Hort. Sci. 100 : 471-479.

Niblett C.L., Febres V.J., Vasquez J., Pappu S.S., Roche Pena M.A., Manjunath K.L., Nikolaeva O.V., Kasaren A.V., Akbulut M., Anderson E.J., Price M., Lee R.F., 1997. Molecular differentiation of strains of citrus Tristeza virus. *In : Proceedings of the Intern. V Congress of ISCN*, March 1997, Montpellier, France. Cirad-Flhor ed.

Nicoli M., 1985. La régénération des agrumes en Corse par la technique du microgreffage de méristèmes *in vitro. Fruits* 40 (2) : 113-136.

Ollitrault P., Faure X., 1992. Système de reproduction et organisation de la diversité génétique dans le genre Citrus. *In :* Actes du Colloque International « Complexe d'espèces, flux de gènes et ressources génétiques », novembre 1991, Paris, France. Paris, France, BRG ed., p. 133-151.

Pruvost O., Hartung J.S., Civerolo E.L., Dubois C., Perrier X., 1992. Plasmid DNA fingerprints distinguish pathotypes of *Xanthomonas campestris* pv. *citri*, the causal agent of citrus bacterial canker disease. Phytopathology 82 (4) : 485-490.

Raciti M., Di Silverto I., Aleppo E., Lenardi O., Lanza G., 1990. Survival of *Phoma tracheiphila* in infected twigs burried under soil, investigated by DNA probes. *In : VIII Congress of the Mediterranean Phytopath*, Union, Agadir, Maroc. p. 49-51

Roistacher C.N., 1991. *Graft transmissible diseases of citrus : handbook for detection and diagnosis*. Rome, Italie, IOCV/FAO, 286 p.

Roistacher C.N., 1995. A historical review of the major graft-transmissible diseases of citrus. Le Caire, Égypte, FAO Regional Office for the Near East, 89 p.

Rollo F., Amici A., Foresi F., Di Silvestro I., 1987. Construction and characterization of a cloned probe for the detection of *Phoma tracheiphila* in plant tissues. Appl. Microbiol. Biotech. 26 : 352-357.

Vogel R., Bove J.-M., 1962. L'état sanitaire des agrumes en Corse. II. Données nouvelles sur les viroses. *Fruits* 17 (4) : 163-169

Vogel R., Bove J.-M., 1967. Activités de la Station de Recherches Agrumicoles en matière d'introduction et de distribution de greffons d'agrumes indemnes de maladies à virus. *Fruits* 22 (6) : 264-271.

Vogel R., Bove J.-M., 1972. La sélection sanitaire de nouvelles variétés d'agrumes. *Fruits* 27 (2) : 111-115.

Vogel R., Bove J.-M., 1982. Influence des maladies transmissibles sur le développement et la production du clémentinier en Corse. *Fruits* 37 (4) : 229-235.

Vogel R., Nicoli M., Bove J.-M., 1988. Le microgreffage de méristèmes *in vitro*. Son utilisation en Corse pour la régénération des agrumes. *Fruits* 43 (3) : 167-173.

Whiteside J.O., Garnsey S.M., Timmer L.W., 1988. Compendium of citrus diseases. St Paul, Minnesota, USA, *American Phytopathological Society*, 80 p.

Annexe III - Plantes indicatrices utilisées pour le dépistage des maladies de dégénérescence transmissibles par la greffe.

Types d'affectation	Plantes indicatrices					Plantes herbacées	Temps d'incubation
	Oranger doux	Lime mexicaine	Mandarinier	Cédratier	Autres		
Incubation à température fraîche 18 à 22 °C							
Cachexie					Pa/Rle*		1 an
Exocortis et viroïdes associés				C.861-51			3 à 4 mois
Huanglungbin africain							
Stubborn	•						4 à 5 mois
Incubation à température élevée 30 à 32 °C							
Citrus leaf rugose			•				5 mois
Citrus mosaïc			•				5 mois
Concave gum	•		•		Tangor Dweef		1 an
Cristacortis	•		•		Tangor Dweef		1 an
Gummy bark							5 à 10 ans
Huanglung asiatique	•		•				1 an
Impietratura	•		•		Tangor Dweef		2 ans
Panachure infectieuse							4 mois
Leprose	•						1 an
Psorose	•		•		Grapefruit		1 à 2 ans
Ringspot	•		•		Grapefruit	Chenopodium	4 mois
Satsuma dwarf					Satsuma	Sesame	6 mois
Tallerleaf					Rusk		1 à 2 ans
Tristeza		•					6 mois
Vein enation		•			Volkameriana		1 an
Balai de sorcière d'Oman		•					1 an

* Pa/Rle : P. Parson special Rough Lemon

Annexe IV - Le conservatoire de la station de recherches agronomiques de San Giuliano en Corse.

Le conservatoire de matériel végétal agrumicole de San Giuliano en Corse a été créé à la suite de travaux de sélection préalables entrepris au Maroc (Chapot, 1952 et 1964) et en Algérie (Blondel, 1951). L'objectif était de rassembler les principaux cultivars méditerranéens pour les soumettre au crible de la sélection conservatoire. Le travail de dépistage des maladies transmissibles par la greffe a été conduit par Vogel et Bove (1962, 1967, 1972, 1982). Parallèlement, Cassin (1978) engageait un programme de sélection nucellaire sur des accessions de graines provenant de diverses régions productrices d'agrumes (Amérique, Australie, Afrique du Sud, etc.).

Lorsqu'une technique améliorée de microgreffage d'apex fut mise au point à San Giuliano par Nicoli (1985), il devint possible d'élargir les introductions en respectant les mesures de quarantaine préconisées par Navarro (1982). Plusieurs lignées originaires d'Asie du Sud-Est (programme ASIAGRU) purent être assainies et intégrées dans le conservatoire, notamment des mandariniers de Chine, des Philippines et de Thaïlande (Vogel *et al.*, 1988).

Aujourd'hui, le conservatoire de San Giuliano comporte 1 140 accessions représentant les principales variétés commercialisées dans le monde et 150 porte-greffes ainsi que d'autres genres et espèces de la famille des rutacées dont certaines présentent un intérêt ornemental.

Une rétrospective des procédures de sélection sanitaire engagées à San Giuliano a fait l'objet d'une publication (Anonyme, 1992).

Outre un travail de dépistage et d'exclusion des maladies transmissibles par la greffe, l'effort porte aussi sur les activités de description et caractérisation des différentes accessions :

– la description est stockée sur une base de données mise au point par Cottin, 1996 et 1997 (système informatisé EGID) ;

– la caractérisation met en œuvre des techniques de marquage moléculaire (Ollitrault et Faure, 1992 ; Luro *et al.*, 1992).

Par son isolement à 170 km des côtes françaises et 80 km des côtes italiennes continentales et grâce à un détroit qui la sépare de la Sardaigne, la Corse jouit d'une situation priv-ilégiée au plan phytosanitaire.

Le conservatoire de San Giuliano constitue le matériel végétal de prébase (niveau S_0) dans le cadre du programme français de certification des agrumes (Dosba et Labergère, 1997).

Annexe V - Le bloc d'amplification du matériel végétal en exploitation ternaire.

La disponibilité en **matériel initial S_0** ou **en matériel de base S_1** est souvent très insuffisante par rapport au nombre d'écussons nécessaire au pépiniériste qui veut atteindre des objectifs précis de production de plants greffés. Il lui faut donc passer par une **phase d'amplification accélérée** qui offre le moins de risques possible tant au plan des contaminations qu'à celui de la perte de la conformité du matériel multiplié.

Pour réaliser cette opération, il convient d'installer une unité de parc à bois, appelée **bloc d'amplification,** qui est conduite dans des conditions optimales de culture (température, éclairage, alimentation hydrominérale) et de prévention phytosanitaire. Selon l'intensité des risques sanitaires, le **bloc d'amplification** sera conduit à l'air libre (durée maximale de 3 ans) à ultra-haute densité : 1,8 m × 0,7 m, soit 8 000 pieds/ha ou sous serre de quarantaine. Dans tous les cas, le porte-greffe choisi devra être très vigoureux, de préférence *Citrus macrophylla* ou *Citrus volkameriana.*

La collecte des greffons se pratique selon un système d'exploitation répartie sur trois années (exploitation ternaire). Leur prélèvement commence six mois après le greffage. Trois séries de collectes sont effectuées dans l'année ; chacune d'elles est constituée de **trois mois d'exploitation du bloc d'amplification,** suivis d'un **mois de repos.** Au total, un même niveau d'édification de rameau est exploité tous les quatre mois.

Pour chacun des plants ainsi exploités, les résultats attendus sont les suivants :

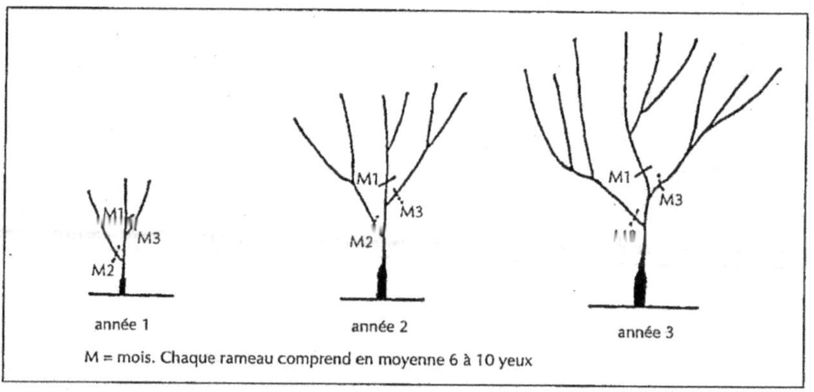

	Années d'exploitation		
	Année 1	**Année 2**	**Année 3**
Nombre de rameaux	Plant composé de 3 rameaux	Plant composé de 3 rameaux doubles	Plant composé de 3 rameaux triples
Résultats d'exploitation attendu	Nombres d'yeux par campagne 3 × 10 = 30	Nombres d'yeux par campagne 2 × 3 × 10 = 60	Nombres d'yeux par campagne 3 × 3 × 10 = 90
Nombre d'écusson pour 100 m^2 de bloc d'amplification(*)	2 400	4 800	7 200

* Les chiffres indiqués pour la production d'yeux concernent du matériel végétal conventionnel pour écussonage. Le forçage des pieds mères en serre, combiné à l'emploi de mini-greffes juvéniles utilisant des bois anguleux (systèmes de placage en *chip-budding*) permet d'augmenter ces moyennes annuelles.

5

La pépinière de pleine terre

Avantages et inconvénients de la pépinière de pleine terre

La conduite de la pépinière agrumicole en pleine terre présente trois avantages majeurs par rapport aux plants préparés en hors-sol. Tout d'abord, elle évite les manipulations de substrats d'enracinement ; ensuite, elle permet de mécaniser certaines interventions comme la préparation des planches de semis ou de repiquage ; enfin, elle donne des sujets plus endurcis que ceux élevés en conteneurs sous ombrière ou en tunnel de culture. Dans plusieurs pays producteurs d'agrumes, comme en Espagne, au Brésil ou en Chine, les producteurs préfèrent utiliser des plants de pépinière de pleine terre, car ils estiment que les taux de reprise à la plantation sont meilleurs.

En revanche, ce type de pépinière présente un certain nombre d'inconvénients, principalement du point de vue des mesures de prophylaxie. Les plants sont, en effet, davantage exposés aux attaques de maladies endémiques – viroses et procaryotes transmis par vecteurs –, aux attaques de bactéries – *Pseudomonas* et surtout *Xanthomonas* –, ou encore à celles de diverses affections fongiques. Par ailleurs, l'élevage des sujets en pleine terre nécessite l'utilisation d'une surface agricole importante, puisque cette opération doit être conduite en respectant un programme d'assolement. Enfin, la durée de cycle de production est souvent deux fois plus longue que celle des plants préparés en hors-sol sous abri.

On estime qu'environ 25 % des plants d'agrumes produits dans le monde proviennent de pépinières de pleine terre. Toutefois, ce mode de conduite tend à diminuer avec le renforcement des règles de prophylaxie, lié à la production de plants certifiés indemnes de maladie.

Certains pépiniéristes ont contourné la difficulté en couplant un système de conduite en pleine terre avec une protection sous tunnel plastique. La technique est en fait utilisée pour le forçage des blocs d'amplification, producteurs de matériel de base (niveau S_1). Les sujets peuvent être disposés en ligne simple sous abris : c'est un procédé utilisé en Espagne pour éviter les contaminations de tristeza (planche IV, cliché b) ou en Argentine pour prévenir les attaques de chancre citrique. Au Brésil, un système de ligne jumelée ($1\,m \times 0,4\,m \times 0,4\,m$) donne une densité de 17 000 plants/ha, un tunnel de $270\,m^2$ pouvant contenir près de 3 000 plants (Carvalho *et al.*, 1997). Ici, l'objectif est d'éviter les attaques de cicadelles vectrices de la chlorose variéguée des agrumes (CVC).

Installation

Le sol

Le sol idéal se compose de 20 % d'argile, 30 % de limon et 50 % de sable grossier, ce qui assure un bon drainage. La présence de gravier n'est pas un inconvénient : les pépinières espagnoles de la région de Tarragone, au nord de Valence, sont souvent installées sur des terrains d'alluvions très graveleux. En Floride et en Californie, il était d'usage de choisir plutôt des terrains sableux. Actuellement, dans ces régions, le procédé «pleine terre» cède progressivement la place au procédé «hors sol».

Il y a lieu de choisir, avant tout, un endroit n'ayant pas encore été cultivé en agrumes et de prévoir de la place supplémentaire pour pouvoir effectuer des rotations et des assolements. Le terrain idéal ne doit recéler aucun parasite spécifique des agrumes (nématodes, *Pythium, Phytophthora* sp.). Dans le cas contraire, ou pour plus de précautions, le sol sera désinfecté.

La rotation des parcelles accompagnant les assolements et les jachères a pour but d'éviter le phénomène de «fatigue des sols» dont les causes peuvent être à la fois mécaniques (dégradation de la structure, tassement), à caractère nutritif (absence de matière organique) ou biologique (déséquilibre de la microflore bactérienne, reliquats d'exsudats défavorables émis par le système d'enracinement précédemment en place).

Les sols «fatigués» doivent subir une période de repos pour encourager la recomposition de la microflore et de la faune dans les terres de pépinière agrumicole. Pour cela, un assolement triennal est conseillé, avec ou sans jachère. L'installation sur une parcelle ayant reçu précédemment des cultures maraîchères est une formule assez favorable. En cas de jachère, il est souhaitable de favoriser l'occupation du sol par une plante améliorante (légumineuse ou céréales) ou encore une culture dérobée mycorhizée (voir plus loin).

L'eau

Lors du choix de l'emplacement de la pépinière, il faut s'assurer que l'alimentation en eau de qualité sera suffisante. Si l'eau est prélevée dans un cours d'eau, il importe de vérifier que celui-ci n'a pas traversé de vergers d'agrumes en amont du point de pompage. La même remarque s'applique à une «retenue collinaire» ou à un réservoir.

Dans le cas contraire, il peut être utile de prévoir une installation de désinfection sur le modèle de celles prévues pour les pépinières hors sol (chapitre suivant).

Aménagement parcellaire

L'organisation et la structure d'une pépinière de pleine terre s'articulent autour de trois parcelles principales de tailles inégales.

L'une d'elle est réservée aux services (bureaux, hangar, magasin, etc.). Une seconde est utilisée pour les semis et les repiquages. La dernière, enfin, abrite les arbres semenciers et les arbres du parc à bois.

Le rapport entre la surface d'une parcelle de semis et celle d'une parcelle de repiquage est de 1 à 20, c'est-à-dire qu'une parcelle de semis de 500 m² fournira suffisamment de plantules pour couvrir un hectare de pépinière de pleine terre, soit environ 30 000 plants. Si l'on intègre les rotations de cultures améliorantes et le temps nécessaire à la croissance des plants depuis le semis jusqu'à leur finition en vue de la vente au client, il faut prévoir environ six fois plus de surfaces disponibles que celles calculées sur la base de la densité par hectare retenue au départ.

Le respect de ces règles suppose donc de pouvoir disposer d'une assez large superficie de terre. À titre indicatif, une petite pépinière produisant 16 000 plants d'agrumes en pleine terre doit disposer :

de 180 à 200 m² de planches de semis, car il faudra préparer 2,5 fois plus[1] de plantules que le nombre final de plants escomptés. Cela conduira à la mise en terre de 40 000 graines, ce qui équivaut à 10 kg environ. Le semis est réalisé à raison de 50 g de graines/m². Cette précaution permet d'effectuer un tri rigoureux des jeunes sujets pour ne retenir que les plus conformes au modèle de porte-greffe retenu et éliminer tous les variants ou tous les plants présentant des déformations de la racine principale ou «cols-de-cygne»;

de 20 fois la surface de planches de semis pour le repiquage et l'élevage des plants, soit de 200 m² x 20 = 4 000 m², ou 0,4 ha. Cela conduira, finalement, à fournir 16 000 «plants marchands», dans le cas d'un repiquage effectué à la main selon une densité de 40 000 plants/ha;

d'une surface d'assolement de 4 000 m² x 6, soit de 2,4 ha, à prévoir dans le cas où cette pépinière fonctionnerait sur le long terme.

Dans bien des cas malgré tout, le pépiniériste revient rapidement sur la même parcelle pour entreprendre de nouveaux cycles de pépinière agrumicole. Cette pratique entraîne inévitablement des problèmes de fatigue des sols (nématodes, champignons de sol, etc.). Même en cas de changement de porte-greffe, l'assolement triennal est considéré comme une mesure essentielle. Si une rotation rapide est néanmoins imposée par insuffisance de terrain, il convient de désinfecter le sol (voir plus loin).

(1) Si le taux moyen de polyembroyonie du porte-greffe est peu élevé, ce chiffre pourra atteindre 3 à 3,5.

Dans la pratique, le seul moyen de respecter ces règles est de recourir à la location de terres. Cette démarche est courante, par exemple, dans la région de Tarragona en Espagne, où sont produits chaque année quelque 4 M de plants d'agrumes «de pleine terre». Compte tenu d'une densité moyenne de plantation de 30 000 plants/ha, imposée par le repiquage mécanique, et d'une durée du cycle de production atteignant trois années, il faut disposer chaque année d'une surface de 140 ha pour atteindre un tel volume de production. En outre, pour respecter la règle de l'assolement triennal, des anticipations de locations de terre sont à prévoir sur au moins 420 ha. Les pépinières d'agrumes sont généralement installées sur des anciens vergers de caroubiers et amandiers en voie d'abandon, quelques fois aussi sur des terres maraîchères.

Le cycle de développement

Le cycle de développement des plants en pépinière de pleine terre, depuis le semis jusqu'à l'arrachage pour la livraison, est, en zone méditerranéenne, de trois ou de quatre ans selon les particularités climatiques. En Algérie, Espagne, Turquie, Corse ou Sardaigne, par exemple, la longueur relative de l'hiver provoque un arrêt de végétation durant cinq mois alors que, dans les plaines intérieures du Maroc, ce sont les fortes chaleurs estivales qui limitent le développement des plants.

Le sud de l'Italie, de Chypre, de la Grèce, ainsi que la Syrie, la région du Cap Bon en Tunisie, Israël et la Palestine sont caractérisés par des hivers plus doux et plus courts. Les périodes favorables à la végétation sont plus longues, ce qui permet, dans ces zones, de gagner presque un an sur le cycle complet.

En climat tropical, le cycle de production peut être encore réduit : il est de 16 mois à l'île de la Réunion, et seulement de 12 à 14 mois à la Martinique ou en Afrique au sud du Sahara. Dans ce cas, on est proche des délais atteints par les pépiniéristes travaillant en «hors-sol» sous tunnel ou en serre (tableau 9).

Fumure de fond

Entre 2 mois et 4 mois avant les dates prévues pour les semis ou les repiquages, les opérations suivantes doivent être effectuées sur les parcelles retenues :
– Sur toutes les surfaces, un épandage doit être fait. Pour 1 ha de pépinière, cette fumure est composée de :
– 80 t de fumier décomposé : cet apport très conséquent permettra d'assurer un excellent développement des jeunes sujets ;
– 0,4 t de superphosphate triple (45 %) si le sol est neutre ou légèrement basique ;
– 1 t de dolomie ou de chaux éteinte si le sol est acide (pH de 5,5 à 6) ou voisin de la neutralité ;
– 0,5 t de sulfate de potasse (50 %).

Il est recommandé de traiter toutes les surfaces avec un mélange de fongicides du sol (folpel + captafol ou sulfate neutre d'oxyquinoleine + quintozène), en se conformant aux doses prescrites.

• En période sèche, un premier labour est ensuite réalisé qui permet d'enfouir la fumure à 50 cm de profondeur. Un second labour, également à 50 cm, est effectué 8 à 10 j avant le dressage des planches de semis ou de repiquage. Deux passages aux disques sont alors effectués pour l'émiettement des mottes.

Le sol ainsi préparé pourra servir à installer les planches de semis ou les parcelles de repiquage. Pour le semis, des planches de 1 m à 1,20 m de large et de 15 à 30 m de long seront dressées. Elles sont surélevées de 15 à 20 cm par rapport au niveau des sentiers qui les séparent et qui servent de drainage. Les parcelles de repiquage seront installées directement sur sol aplani et bien émietté, la mise en terre des porte-greffes pouvant être effectuée soit manuellement soit à l'aide d'une planteuse (figure 18).

Désinfection chimique des planches de semis et des parcelles de repiquage

Les planches de semis peuvent être désinfectées à la vapeur à l'aide d'un matériel adéquat. Pour être efficace, ce traitement doit chauffer le sol, sur 30 cm d'épaisseur, à une température de 90 °C, et la pénétration de la chaleur sera d'autant plus rapide que le sol sera plus sec.

Comme déjà signalé précédemment, il est toujours préférable d'installer les parcelles de repiquage sur un terrain vierge n'ayant jamais porté d'agrumes. Dans le cas

Tableau 9. Différents cycles de production en pépinière agrumicole de pleine terre ou de hors-sol

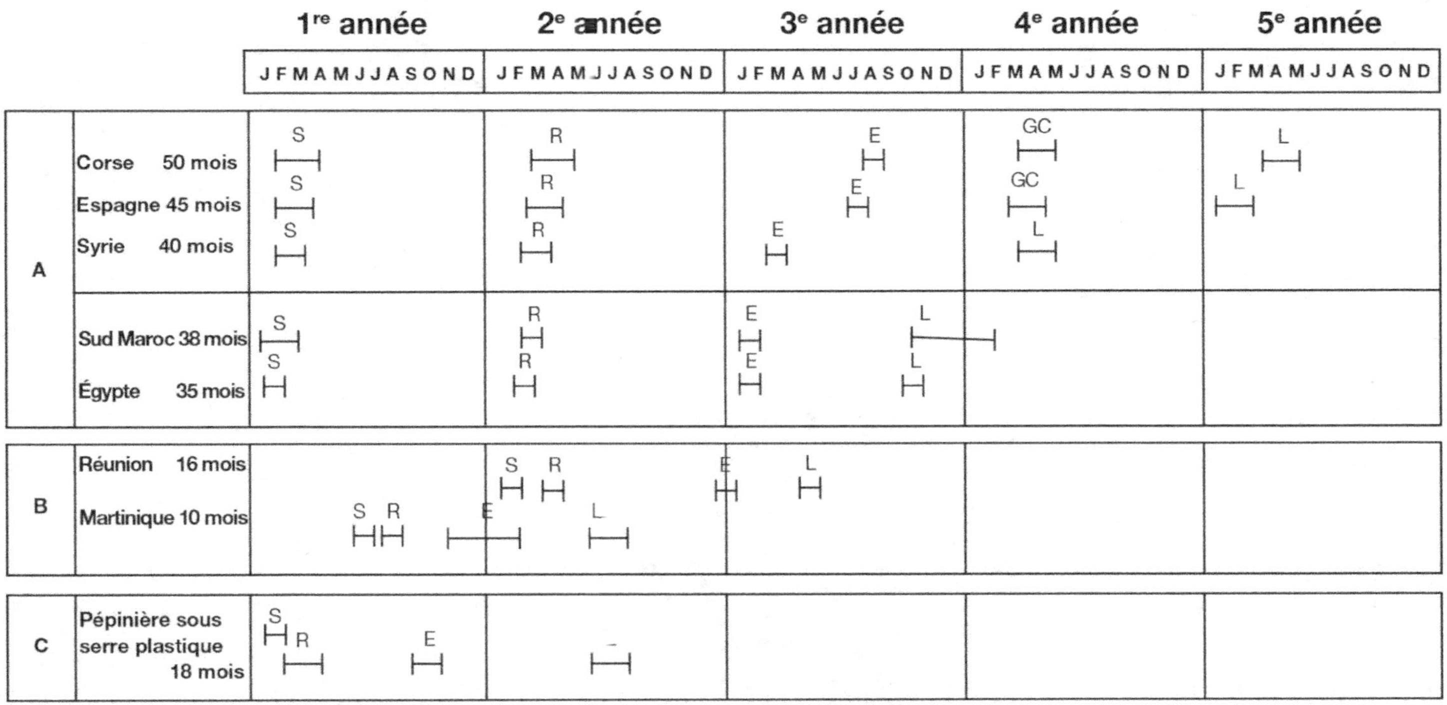

		1re année	2e année	3e année	4e année	5e année
		JFMAMJJASOND	JFMAMJJASOND	JFMAMJJASOND	JFMAMJJASOND	JFMAMJJASOND
A	Corse 50 mois	S	R	E	GC	L
	Espagne 45 mois	S	R	E	GC	L
	Syrie 40 mois	S	R	E	L	
	Sud Maroc 38 mois	S	R	E	L	
	Égypte 35 mois	S	R	E L	L	
B	Réunion 16 mois		S R	E L		
	Martinique 10 mois	S R	E L			
C	Pépinière sous serre plastique 18 mois	S R E	E			

S = Semis   R = Repiquage   E = Écussonnage   GC = Greffe de reprise en couronne   L = Livraison

A = Pépinière pleine terre en région méditerranéenne.

B = Pépinière hors sol conduite à l'air libre en région tropicale d'alizé.

C = Pépinière hors sol sous abri plastique climatisé (région méditerranéenne) avec forçage des semis.

contraire, le sol doit être traité 4 à 5 mois avant le repiquage, contre les nématodes principalement. Divers nématicides tels que le dichloropropène, l'éthoprophos, le phénamiphos ou le méthamsodium peuvent être utilisés. Un appareil spécial à coutres rigides permet alors de déposer le produit à la profondeur choisie (20 cm ou 40 cm). Il est préférable de traiter lorsque la température du sol est relativement basse, de 12 °C à 15 °C, et que la terre est ressuyée. Il est conseillé d'effectuer un passage au rouleau après traitement, suivi d'un arrosage au sol.

Tous ces produits sont assez toxiques, il est donc recommandé de suivre strictement les consignes habituelles de protection (habits, gants, masque, lunettes).

Avant de procéder au repiquage des plants dans un sol ainsi traité, il convient de vérifier par un test simple, dit « test du cresson », que le sol ne renferme plus de résidus toxiques.

Figure 18. Planteuse japonaise autotractée pour le repiquage des semis (Espagne).

Test du cresson

Remplir à moitié un bocal d'un litre, avec de la terre prélevée en profondeur dans la parcelle traitée. Recouvrir de coton humide, déposer quelques graines de cresson. Refermer le bocal et attendre la levée des graines. Comparer avec un bocal témoin contenant de la terre non traitée. En cas de germination normale des graines, la parcelle peut être plantée. Dans le cas contraire, il est préférable d'attendre une semaine ou deux et de refaire le test après avoir retravaillé le sol.

Un désherbant de préémergence, par exemple du trifluraline à la dose de 1 700 g ma/ha, pourra être appliqué avant le repiquage : il sera aussitôt enfoui par un fraisage superficiel.

Désinfection des planches de semis par solarisation

Cette technique est recommandée en raison de son efficacité, de son faible coût et de sa facilité de mise en œuvre. Les planches de semis une fois dressées sont « piquées » afin d'aménager des trous d'environ 1,5 cm de large et 5 cm de profondeur. Pour cette opération, une planche équipée d'embouts doit être préalablement préparée (figure 19). Lorsque la surface a été entièrement ponctuée de trous, la planche est recouverte d'une bâche transparente en éthyle acétate de vinyle de 70 microns d'épaisseur (Continella et Cartia, 1993) et exposée au soleil pendant 2 à 3 mois. L'aménagement de trous dans la terre de surface facilite la diffusion de la chaleur dans le sol et favorise donc une plus grande efficacité du traitement.

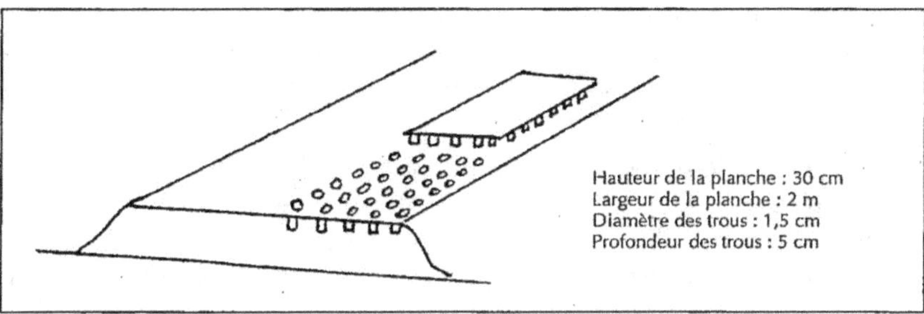

Figure 19. Préparation d'une planche de semis ou de substrat pour un traitement par solarisation.

Cette technique utilisée sous le climat ensoleillé de la Sicile s'est avérée efficace contre les fontes de semis. Elle a également empêché la levée des mauvaises herbes de type *Oxalis, Calinsoga, Cyperus,* etc. et permis, dans une certaine mesure, de contrôler les attaques de nématodes. Cette désinfection des planches de semis par solarisation a donné un meilleur pourcentage de levée des graines d'agrumes par rapport à une fumigation au bromure de méthyle ou même à un traitement à la vapeur (Continella et Cartia, 1993).

Mycorhization de la planche de semis

Dans la région de Tarragona, en Espagne, un procédé de mycorhization de la planche de semis a été testé avec succès. L'opération consiste à installer une culture de plantes aromatiques (thym, lavande, romarin) dont les sujets ont été mycorhizés avec une souche locale de *Glomus* sp. Cinq mois après sa mise en place, cette culture est récoltée. Le sol et les débris de racines sont utilisés pour ensemencer les planches de semis. Sur des parcelles ayant nécessité au préalable une désinfection par fumigation, ce traitement, comparé aux planches non mycorhizées, permet de tripler la longueur des pousses de citrange Troyer, toutes autres conditions étant égales par ailleurs (Camprubi et Calvet, 1996), (voir annexe VII).

Le semis

Les graines d'agrumes ne peuvent germer naturellement si la température du sol est inférieure à 12 °C ou 13 °C. Il est donc inutile, pour une pépinière de pleine terre, de procéder aux semis avant que le sol n'ait atteint ce seuil, car les graines risqueraient de pourrir.

La période de semis la plus favorable varie selon la zone climatique. Au Maroc, dans la région du Gharb, le mois de mars est le plus propice pour cette opération, alors qu'il sera préférable d'attendre avril pour la Corse.

Le semis est effectué en lignes distantes de 20 cm (5 à 6 lignes par planche), au fond de sillons profonds de 2 cm à 3 cm, poudrés au préalable avec un fongicide de type folpel, captafol ou oxyquinoléine + quintozène.

Les semences sont placées côte à côte dans le sillon. Selon la variété et la grosseur des graines, on utilise environ 40 à 50 g/m^2 de graines.

Les semis sont ensuite recouverts par 1 cm à 2 cm de terre fine à l'aide d'un râteau, en ménageant une légère rigole à l'emplacement de chaque ligne, ce qui permet de «chausser» les jeunes plants au cours du premier binage d'entretien, par apport de terre au niveau du collet.

Les planches de semis peuvent être protégées du soleil direct par un ombrage. Il semble préférable de prévoir un ombrage léger, avec un feuillage clairsemé comme l'est celui du cyste disponible en Corse. L'utilisation de paille n'est pas conseillée, car elle favorise la fonte des semis et retarde le réchauffement du sol.

L'ombrage peut aussi être assuré à l'aide d'une bâche tissée, tendue au-dessus des semis, qui filtre 30 % de la lumière. Cette précaution est particulièrement recommandée pour les jeunes semis de Poncirus qui sont très sensibles aux coups de soleil.

Entretien des semis

Arrosage

L'arrosage doit être suivi avec soin. En effet, à la période des semis, la terre est généralement bien pourvue en eau, et il ne s'agit donc que de réhumidifier régulièrement les 3 à 4 premiers centimètres du sol qui se dessèchent plus vite. À titre indicatif, pour la Corse, l'irrigation par aspersion doit être pratiquée à la dose de 45 m^3/ha, tous les 3 à 4 jours, à raison de 30 minutes à chaque fois (figure 20). Cette irrigation par aspersion doit être faite de préférence en fin d'après-midi (vers 16 h 00 ou 17 h 00) et poursuivie jusqu'à la levée. Dès que les jeunes plantules ont formé leurs premières feuilles, l'irrigation est reportée en soirée vers 19 h 00 ou 20 h 00. L'ombrage peut être retiré dès que 80 % des plantules ont levé.

Traitement fongicide préventif contre les fontes de semis

Au stade quatre feuilles, un poudrage des lignes de semis est effectué avec un fongicide de traitement du sol, comme indiqué précédemment ; il est enfoui ensuite par un léger binage.

Dans les sols où dominent *Phytophtora* sp. et *Pythium* sp., on applique, de préférence en pulvérisation, une solution de foséthyl d'aluminium à 400 g de produit commercial pour 100 l d'eau.

Au fur et à mesure de la croissance des plants et selon la pluviométrie, des irrigations plus conséquentes doivent être apportées, de 120 m^3 à 130 m^3/ha durant 1,5 heure, une fois par semaine. Un binage léger doit être effectué toutes les deux irrigations pour éviter la formation d'une croûte défavorable à la pénétration de l'eau.

Figure 20. Semis de porte-greffes effectués en peine terre à l'extérieur, avec aspersion sur frondaisons en rampes fixes (Sicile).

Fumure minérale

Lorsque les plants ont environ 4 mois, soit à la mi-août en Corse, on épand 150 kg/ha de nitrate de potasse, à 5 cm de part et d'autre des rangs de semis. Cet engrais est enfoui par un binage.

Traitements bactéricides et fongicides

Bactériose à Pseudomonas

Dans les zones où la bactériose à *Pseudomonas syringae* est présente (Corse, Tunisie, Sicile, etc.), il y a lieu de traiter préventivement les semis, avant les pluies d'automne, avec une application de bouillie cuprique. Ce traitement est répété en décembre et à la fin du mois de février. Les variétés sensibles comme *Citrus volkameriana* sont surveillées attentivement et reçoivent, si nécessaire, une application supplémentaire de bouillie.

Bactériose à Xanthomonas

Dans le cas d'un territoire hébergeant le chancre citrique dont l'agent causal est *Xanthomonas axonopodis* pv *citri,* il faut être extrêmement vigilant pour ne pas contaminer la pépinière dès le stade du semis. En effet, tous les porte-greffes d'agrumes, pratiquement sans exception, sont très sensibles au chancre (voir chapitre « production de porte-greffes »).

Des méthodes prophylactiques rigoureuses doivent donc être appliquées :
– Isolement de la pépinière par une clôture grillagée doublée, d'une haie de brise-vent.
– Installation d'un bac de désinfection au sol, comportant une solution javellisée à 500 ppm de chlore actif, destiné au personnel et aux engins à roue qui pénètrent dans le périmètre de la pépinière. En Chine où la plupart des pépinières agrumicoles sont conduites en pleine terre, on exige même du personnel qu'il change vêtements, chaussures et chapeaux dans un local spécialement aménagé à la porte de la pépinière.

• Le chlore gazeux est un des meilleurs désinfectants ou antiseptiques, que ce soit vis-à-vis des viroïdes, des virus ou des bactéries et champignons.

• L'eau de javel proposée dans le commerce est une solution d'hypochlorite de sodium titrant généralement soit 12, 36 ou 48 degrés chlorométriques.

• Pour la désinfection des outils de greffe ou de taille, notamment lorsqu'il y a risque de transmission mécanique de viroïdes (tableau 4), le trempage des lames dans une solution d'eau de Javel à 12 degrés est suffisant. La corrosion du métal pourra être retardée en conservant les lames dans un bain d'huile juste après le trempage dans l'eau de Javel.

• En ce qui concerne la désinfection de surface des tissus végétaux (graines, greffons, fruits en station d'emballage, apex de jeunes pousses), un trempage de 15 minutes dans une solution à 1500 ppm de chlore actif est recommandé. La solution devra être additionnée d'un mouillant, par exemple du Tween à 0,1 %.

• La désinfection des roues de camions, tracteurs ou voitures, et celle des chaussures à l'entrée d'un périmètre de pépinière ou à la porte d'une serre, peut être assurée efficacement par un trempage dans une solution diluée à 500 ppm. La concentration est à ajuster tous les dix jours dans les bacs de trempage à l'aide d'une solution d'eau de Javel fraîche.

• La dose de 500 ppm est atteinte en diluant :
soit 13 ml d'eau de Javel à 12 degrés dans 1 l d'eau,
soit 3,5 ml d'eau de Javel à 48 degrés dans 1 l d'eau.
Un degré chlorométrique correspond à 3,11 g de chlore gazeux par litre, soit 3110 ppm (Rodier *et al.*, 1996).

La désinfection des mains peut être assurée par des pulvérisations au chlorure de benzalconium à 5 %, additionné d'un agent tensio-actif (type Sperlam).

– Désinfection systématique à l'eau de Javel du commerce non diluée des outils de taille et des greffoirs, qui doivent être réservés, exclusivement, à l'usage de la pépinière.

– Traitements préventifs des jeunes plants aux sels de cuivre, notamment au sulfate de cuivre, à l'hydroxyde de cuivre ou à l'oxychlorure de cuivre à 150 g/hl de matière active.

Malgré toutes ces précautions, il peut arriver que des foyers se déclarent, notamment en périodes pluvieuses et ventées (saisons de mousson ou de cyclone). C'est la raison pour laquelle, dans les zones à risque, il est recommandé de conduire la pépinière non pas en pleine terre mais en hors-sol sous abri.

Scab, cercosporiose africaine et oïdium

Des traitements foliaires à base de méthyle-thyophonate sont à effectuer pour prévenir les attaques de *Scab* ou de cercosporiose africaine. En Asie, l'Oidium est maîtrisé par des applications de triadiméfon ou de dinocap.

Arrachage des plants de semis et préparation pour leur repiquage

Si le semis et l'entretien des plantules ont été conduits convenablement, au moment de leur entrée en repos végétatif hivernal, les plants doivent atteindre une hauteur moyenne de :
– 15 cm à 20 cm pour *Poncirus trifoliata*,
– 20 cm à 25 cm pour le bigaradier et le citrumelo,
– 25 cm à 30 cm pour les citranges Troyer et Carrizo et pour *Citrus volkameriana*.

Ces données ne sont qu'informatives, car certaines observations de base permettent de délimiter plus précisément, chaque année, la période favorable au repiquage : son début coïncide avec l'apparition des premiers départs de bourgeons sur les plants les plus précoces du semis et sa fin correspond à la période de pleine floraison des agrumes adultes de la même zone climatique.

Avant le moment choisi pour l'arrachage, il est important d'avoir bien préparé les différentes phases de l'opération afin de réduire le plus possible le délai entre l'arrachage et le repiquage. Le tableau 10 présente un exemple du planning qui peut être utilisé.

Tableau 10. Planning des opérations de repiquage des plantules d'agrumes issues de semis.

Jour Heure	Opérations					
	Arrosage des planches de semis et repiquage (1)	Arrachage (2)	Sélection (3)	Habillage	Pralinage	Repiquage
J 0	▬▬▬					
J + 1 H 0		▬▬▬				
H + 1			▬▬▬	▬▬▬	▬▬▬	
H + 2					▬▬▬	▬▬▬

(1) Au début de la matinée du jour précédent celui prévu pour l'arrachage, bien mouiller les 30 premiers cm du sol par une irrigation suffisante.
(2) Arrachage à la fourche bêche.
(3) Cette opération doit être confiée à du personnel qualifié.

Bien que, pour *Poncirus trifoliata,* des plantules de 10 à 12 cm soient exceptionnellement tolérées, tous les plants de taille inférieure à 15 cm doivent, systématiquement, être éliminés au moment du repiquage. De même, les plants de taille anormalement grande, probablement issus de l'ovule fécondé donc de type hybride, sont également éliminés. Par ailleurs, il faut s'abstenir de repiquer les sujets présentant, au collet, une courbure donnant des plantules dites « à col-de-cygne ». Cette déformation de la racine principale, dont le taux semble varier en fonction du climat et de la dureté des téguments des graines, est irréversible et compromet l'avenir de l'arbre. Enfin, tous les plants présentant des blessures ou des nécroses de tiges ou de racines seront aussi écartés, de même que ceux dont le feuillage n'est pas caractéristique de l'espèce.

Dans un semis correctement effectué, il est courant d'éliminer 10 % de plants, dont 5 % pour taille non conforme, 4 % pour présence d'un « col-de-cygne » et 1 % pour blessures apparentes et non-conformité des plants.

Habillage

Les sujets retenus sont regroupés par lots de 15 à 20 et, dans un premier temps, leurs tiges sont rabattues à une longueur comprise entre 20 cm et 25 cm. Si, au moment de l'arrachage, leur taille est comprise entre ces limites, ils sont laissés intacts. Dans un deuxième temps, le pivot de la racine des plantules est ramené à une longueur maximale de 10 à 15 cm.

Les espèces trifoliées (*Poncirus* et citranges) ne sont pas effeuillées ; le bigaradier et le *Citrus volkameriana* le sont partiellement, mais les quatre feuilles terminales sont laissées entières. Les feuilles des autres espèces et variétés sont coupées au niveau de leur insertion sur le pétiole.

Pralinage

Le pralinage est une opération qui consiste à tremper les racines dans un mélange semi-liquide contenant 60 % de terre fraîche additionnée de 40 % de fumier bien décomposé. Cette procédure permet de favoriser une reprise vigoureuse de l'activité des racines par une intervention directe sur la rizhosphère. L'ensemencement par des mycorhizes peut intervenir à ce moment aussi (voir chapitre suivant).

Chantier de repiquage des semis en pleine terre

Le repiquage a lieu au printemps de l'année qui suit la mise en place des semis (tableau 9). La préparation du terrain est la même que celle effectuée pour les semis, si ce n'est qu'un épandage et qu'un enfouissement de désherbants de préémergence supplémentaire est ajouté.

Le repiquage peut se faire entièrement à la main ou à l'aide d'une machine à planter. Les deux techniques ont leurs avantages et leurs inconvénients.

Repiquage à la main

Lors de repiquages manuels, il est possible de planter à forte densité, avec des espaces de 0,75 m entre les lignes et de 0,33 m entre les plants ; cela conduit à disposer près de 40 000 plants/ha. Il faut veiller à ne pas lisser les parois du trou fait avec le plantoir et à ne pas retourner les racines en y introduisant le plant. Cette technique nécessite 800 h/homme pour planter 40 000 plants.

Repiquage avec une machine à planter

L'utilisation d'une machine à planter conduit à augmenter l'espace entre lignes qui est alors de 1 m, pour un intervalle entre deux plants de 0,33 m. La densité finale est d'environ 30 000 plants/ha. Pour éviter le tassement superficiel dû au passage des engins, il est préférable de repiquer lorsque le sol est meuble en profondeur, mais relativement plus ferme en surface. Les plants sont placés dans le sillon et recouverts de terre meuble. Pour planter mécaniquement 40 000 plants, il faut environ 350 heures/homme.

Afin de combler les poches d'air pouvant subsister autour des racines, le repiquage est suivi, dans la même journée, d'une irrigation à la raie, effectué avec environ 900 à 1 000 m^3/ha d'eau. Quatre à cinq jours après, un léger buttage permet de recouvrir les collets restés déchaussés. Des essais de paillage avec plastique (film noir 40 g/m^2) ont permis de réduire, de façon notable, les apports d'eau, mais ils ont eu des effets défavorables sur l'enracinement profond.

Pendant la période qui suit le repiquage, les interventions, présentées dans le tableau 9, sont limitées. Il faut surtout favoriser une croissance vigoureuse des plants afin de pouvoir les greffer à l'automne de l'année qui suit celle du repiquage, soit environ 17 mois après cette opération, comme c'est le cas en Corse et dans la zone de Terragona en Espagne.

Semis forcé sous tunnel, couplé à un repiquage en pleine terre

Pour gagner 9 à 10 mois dans la préparation du plant à greffer, certaines pépinières espagnoles ont mis en place un système de forçage des semis, suivi d'un repiquage en pleine terre. Les graines de porte-greffes récoltées en novembre/décembre sont mises à germer dans des godets remplis de tourbes, conditionnés en caissettes et placés sous serres « chapelles » (voir chapitre suivant).

Le repiquage a lieu aux mois de mai ou juin de l'anné suivante. Une repiqueuse mécanique autotractée peut être employée. La plantation se fait alors en lignes jumelées, recouvertes d'un film de plastique et équipées d'un système d'irrigation sous ce film. Cette technique permet de gagner 12 mois dans le cycle de production du scion, puisque la phase de lancement des semis en pleine terre est éliminée.

Entretien des porte-greffes avant greffage

Irrigations

La périodicité des irrigations, qui doivent compenser le déficit d'évapotranspiration (ETP), sera fonction de la pluviométrie. Cette périodicité est de 10 j en moyenne, durant l'année du repiquage ; elle est réduite à 8 j en été, de juin à août inclus, avec un apport d'eau d'environ 400 à 450 m^3/ha. Il est indispensable de prévoir une irrigation juste avant la date prévue pour le greffage.

Binages et désherbages

Les binages et repiquages ne doivent pas affecter une épaisseur de sol de plus de 5 cm, de façon à ne pas léser les racines des jeunes plants et de laisser agir la trifluraline, herbicide de pré-émergence enfoui avant repiquage, qui se dégrade à la lumière.

Les désherbages sont réalisés mécaniquement sur la ligne et manuellement entre les plants. L'utilisation du balai « herbibros » permet de limiter la main-d'œuvre nécessaire aux opérations de désherbage. Ce balai est relié à un réservoir de 5 l de produit (glyphosate, par exemple) et, par frottement sur les mauvaises herbes, la brosse s'imprègne du désherbant libéré par gravité.

Apports en fumure azotée

L'application d'azote, prévue en août de l'année de repiquage (tableau 9), est facultative. Elle se fait en fonction des besoins qui, à ce stade de développement, sont estimés de façon assez empirique ; en effet, cette évaluation est davantage fondée sur l'aspect végétatif des plants que sur leur taille, car, en principe, les fumures apportées au moment de la préparation du terrain doivent suffire. Toutefois, si l'application est réalisée, elle ne doit pas dépasser la dose de 25 kg/ha d'azote pur, soit 0,83 g/plant pour une densité moyenne de 30 000 plants/ha.

En seconde année, les apports azotés s'effectuent, à 10 ou 15 j près, aux époques indiquées sur le calendrier d'entretien (tableau 11) ; les doses appliquées dépendent de la période :
– en mars : 40 kg/ha d'azote pur, soit environ 1,3 g/plant,
– en mai et juillet : 20 kg/ha, soit 0,7 g/plant.

Afin d'éviter que les plants ne végètent tard en saison et soient ainsi insuffisamment aoûtés au moment des froids de l'hiver, il n'est pas utile de dépasser ces doses. Les apports sont localisés le long des lignes et suivis d'une irrigation qui permet d'entraîner l'engrais dans le sol.

En Corse, où les terres sont acides, l'azote est de préférence appliqué sous forme d'ammonitrate, alors que, sur des terres neutres ou alcalines, le sulfate d'ammoniaque convient mieux. Les préparations en granulés sont recommandées.

Tableau 11. Calendrier d'entretien des planches de porte-greffes avant écussonnage (exemple : climat méditerranéen à hiver marqué).

Interventions	A	M	J	J	A	S	O	N	D	J	F	M	A	M	J	J	A	S
Irrigation	●	■	■	■	■	■	●					●	●	■	■	■	■	■
Binage					●	■			●				■	■	■	■	■	■
Désherbage					●	■			●				■	■	■	■	■	■
Engrais azoté					●							■		■		■		
Pincement											■					■		
Traitement bactériose							■		■		■							
Autes traitements																●	●	

■ Interventions obligatoires   ● Interventions selon besoins

Liste du matériel et équipement nécessaires à la conduite d'une pépinière pleine terre.

- Tracteurs deux ponts 65-70 cv, équipé d'un attelage 3 points, boîte de vitesse 3 gammes (normale, lente, super lente), deux prises de force (540 et 1 000 tours), deux prises hydrauliques, cabine étanche et ventilée.
- Minitracteur 9 cv diesel pour travail de l'interlignage des rangs.
- Pulvérisateur à disques crénelés 10/20.
- Niveleuse.
- Scarificateur à dents.
- Rouleau.
- Épandeur d'engrais porté, rotatif, pour engrais en granulés et pulvérulents.
- Citerne 500 l.
- Appareil pour application de nématicides.
- Pulvérisateur à turbine.
- Rampe à désherbants.
- Balais brosses pour application du glyphosate.
- Repiqueuse portée sur tracteur, ou autotractée.
- Remorques.
- Générateur de vapeur avec cloche de désinfection.
- Cuves de stockage de fluides.
- Déplanteur métallique manuel (ou mécanique tiré par un tracteur enjambeur).
- Outillag horticole courant : sécateurs, greffoirs, plantoirs, etc.
- Matériel d'irrigation mobile.
- Équipement pour la conservation des graines et greffons (soudeuse plastique, blanche, chambre froide, thermographes, etc.)

Raisonnement de la fertilisation en pépinière de pleine terre

La fertilisation de la pépinière de pleine terre peut être raisonnée à partir de la mesure de la quantité d'éléments minéraux absorbés et immobilisés par les jeunes plants. Les échantillonnages peuvent être faits à différents stades du développement de ces plants, ce qui permettra d'évaluer les besoins avant et après le greffage.

Pour effectuer une telle analyse, des lots de plants arrachés dans une pépinière de pleine terre, établie en Corse sur une parcelle préalablement fertilisée de façon optimale, ont été lavés, pesés puis desséchés à l'étuve. La teneur en 5 éléments majeurs et 3 oligoéléments a été mesurée pour déterminer la quantité de minéraux qui avaient été accumulés dans les plants. Un premier lot comportait des bigaradiers issus de semis et âgés de 10 mois. Un second lot était composé de clémentiniers étudiés 15 mois après leur écussonnage, soit 45 mois après le semis dont ils étaient issus. Les résultats (tableau 12) de cette expérimentation ont apporté des informations utiles pour la définition d'une politique de fertilisation (Marchal, 1997).

Tableau 12. Quantité d'éléments minéraux immobilisés par des sujets élevés en pépinière de pleine terre (moyennes exprimées en mg par plant).

	N	P	Ka	Ca	Mg	Fe	Mn	Zn
Bigaradier de 10 mois	450	35	240	530	55	15	1	0,5
Clémentinier/bigaradier (15 mois après écussonnage)	8 300	650	7 200	12 000	1 000	450	24	15

Azote

On estime que seulement 35 % de la dose totale d'azote (N) fournie à la plante seront effectivement absorbés et métabolisés. Il faudra donc apporter respectivement 1,35 g et 25 g d'azote pour obtenir soit un jeune bigaradier de 10 mois, soit un plant au stade du jeune scion prêt à être installé au verger. Si la densité moyenne de la pépinière est de 30 000 pieds/ha, les besoins théoriques dans l'un et l'autre cas seront donc de 40,5 et 750 kg d'azote. Dans la pratique, ces quantités pourront être fournies pour partie par l'apport d'engrais minéral et pour partie par minéralisation de la matière organique, si le terrain a reçu des amendements organiques.

Calcium

Les besoins en calcium (Ca) du plant d'agrume sont élevés. La fertilisation calcique étant rarement raisonnée dans les programmes conventionnels de pépinière agrumicole, un manque de calcium se traduit par des retards de végétation, sans qu'il y ait manifestation de symptômes particuliers. Des apports de calcaire broyé, ou mieux de dolomie si le sol est pauvre en magnésium, sont à prévoir. Un rapport Ca/N compris entre 1,2 et 1,4, mesuré sur un échantillon de cendres, indique un bon niveau de nutrition calcique. Certains auteurs (Coetze *et al.*, 1993 ; Lea-Cox, 1993) se contentent de rapports Ca/N compris entre 0,4 et 0,6 en conditions de substrat acide ; cela paraît, cependant, très insuffisant.

Potassium

La fumure potassique doit être raisonnée en fonction du type de sol et des risques éventuels de lixiviation de cet élément, notamment dans certains sols sableux.

Oligoéléments

Les apports de chélate de fer, ainsi que ceux de chélates ou de sulfates de manganèse et de zinc peuvent être effectués par pulvérisation foliaire.

Pendant les 35 mois nécessaires au jeune porte-greffe pour devenir un scion greffé apte à être planté dans un verger, les besoins en éléments minéraux de ce sujet sont donc très importants. Les données du tableau 12, utiles pour la définition d'un calendrier de fumure, ont été reformulées dans le tableau 13 où elles sont exprimées en unités fertilisantes à l'hectare (une unité fertilisante est égale à la quantité de N, P_2O_5, K_2O et MgO exprimée en kg/ha), pour une pépinière de référence établie à une densité de 30 000 pieds/ha. Ces données peuvent servir de base de calcul pour définir les fertilisations minérales à apporter dans d'autres situations de climat ou de sol.

En régions méditerranéennes plus chaudes qu'en Corse où il n'y a que 25 mois entre le repiquage du porte-greffe et la livraison du plant, les apports en éléments fertilisants devront être concentrés sur une période plus courte. Cette remarque vaut *a fortiori* pour les zones tropicales où le cycle complet de production n'est que 12 à 16 mois (tableau 9)

Tableau 13. Besoins en unités fertilisantes et en calcaire des plants d'agrumes de pépinière au cours de la période comprise entre le repiquage et la livraison des plants (soit 35 mois dans les conditions de la Corse).

	N	P_2O_5	K_2O	Calcium	MgO
Quantités absorbées (kg/ha)	235	42	251	860	474

Pincements

Ces opérations délicates conditionnent largement la réussite du greffage tant du point de vue de la structure des plants que de leur vigueur. Elles seront confiées à un personnel qualifié.

Premier pincement

Au cours de l'année de leur repiquage, certains plants d'agrumes émettent plusieurs tiges issues des bourgeons latéraux ou même du collet. Cet inconvénient, fréquent chez *Poncirus trifoliata,* a pu être réduit en sélectionnant des clones plus érigés de ce même *Poncirus.* Cependant, un premier pincement de la tige peut permettre de limiter la production de telles formations et favoriser la constitution d'une tige unique et vigoureuse. Pour cette opération, seule la pousse la plus érigée et la plus forte est conservée et les tiges les moins vigoureuses sont éliminées à la base du plant, puis à chaque ramification. Ces « pincements » sont effectués au sécateur désinfecté régulièrement à l'eau de Javel concentrée.

Pincement de prégreffage

Pour préparer les jeunes plants au greffage, trois semaines à un mois avant la date prévue pour cette opération, les pousses latérales, les épines et les feuilles sont supprimées sur les 35 cm de la base du plant; sa partie supérieure est laissée intacte. Ces pincements sont effectués au sécateur régulièrement désinfecté à l'eau de Javel du commerce non diluée.

Le calendrier des travaux fait apparaître qu'à cette même époque trois autres opérations sont prévues sur la pépinière : l'apport d'engrais, l'irrigation et le binage. Ces tâches doivent être réalisées rapidement afin de provoquer un nouveau départ de végétation juste après le pincement de prégreffage et, par conséquent, juste avant le greffage proprement dit.

Traitements pesticides

Avant greffage, les jeunes plants issus de semis peuvent avoir besoin de traitements insecticides pour contrôler divers ravageurs ou organismes nuisibles :

– les pucerons et les psylles sont maîtrisés par des pulvérisations d'insecticides de contact et d'ingestion, tels que l'endosulfan ou le phosalone à 62 g de matière active par hectolitre (62 ma/hl) ;

– la mineuse des feuilles, *Phyllocnistis citrella,* dont les dégâts sont très sévères en pépinière, peut être contrôlée à l'aide d'applications d'hexaflumuron à 7 ml ma/hl ou d'imidacloprid à 10 ml ma/hl ;

– les cochenilles et acariens pourront faire l'objet d'interventions aux huiles blanches (100 g ma/hl avec adjonction éventuelle de méthidathion à 60 g ma/hl pour les cochenilles ou adjonction de dicofol 50 g ma/hl pour les acariens ;

– les traitements bactéricides et fongicides appliqués aux jeunes plants aptes à être greffés sont du même type que ceux qui ont été présentés pour l'entretien des semis.

Le greffage

Les différentes techniques de greffe ont été décrites en détail par Platt et Opitz (1973) ainsi que par Tolley (1981).

Le choix d'une technique doit être modulé en fonction :

1) du mode de conduite de la pépinière, qu'elle soit de pleine terre ou hors sol, sous abri,

2) du type de greffon disponible,

3) de la nécessité d'une amplification rapide ou d'autres impératifs de production.

Quelques règles de base sont à retenir :

– la greffe en fente simple, dite «à l'anglaise», sur des rameaux déjà lignifiés, ne convient pas aux agrumes, car le jeune bois présente des fibres longues qui offrent des risques d'éclatement ;

– en revanche, la greffe en fente sur des sujets non encore lignifiés est possible ; elle donne même de bons résultats ;

– en pépinière de pleine terre, l'écussonnage est la procédure la plus courante : elle consiste à poser un œil déboisé en écusson ;

– en pépinière hors sol, la greffe en placage de copeau sur rameau encore anguleux est souvent la technique retenue ;

– la greffe de sections de rameau en couronne, dite «du Breuil», peut être une technique convenant aussi bien aux situations de pleine terre que de hors-sol.

Description des différentes techniques

Écussonnage

Le succès de la greffe d'yeux en pépinière d'agrumes dépend, en grande partie, du mode de prélèvement du greffon. En effet, si l'œil est prélevé avec un éclat de bois, situé sous ce même œil, l'élimination de cet éclat entraîne souvent l'évidement de la partie interne de l'œil et compromet par là même la réussite de l'opération. Par ailleurs, chez les agrumes, la soudure de l'œil ne s'effectuera correctement que dans la mesure où la partie en contact, entre l'écorce du greffon et l'aubier du sujet greffé, a une surface nettement supérieure à celle occupée par le bois. L'œil est donc prélevé, non pas sous la forme d'un écusson ordinaire, long et peu large, mais sous celle d'un explant assez large par rapport à sa hauteur. Il mesurera par exemple 2 cm de haut pour 1 cm de large, l'œil étant situé à 8 mm de la partie supérieure (figure 21).

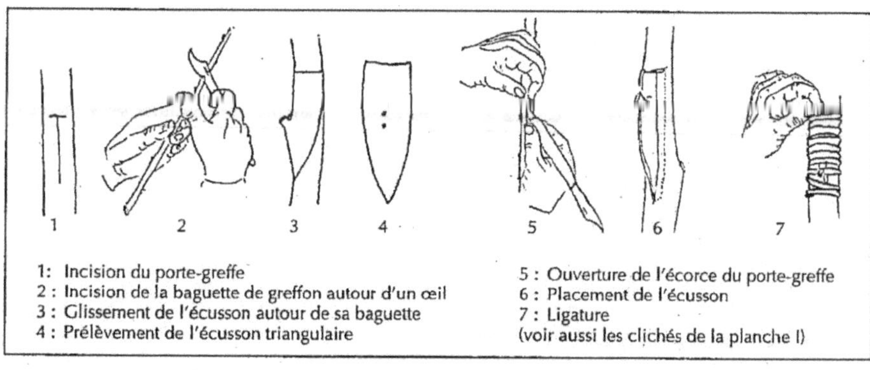

Figure 21. Séquence des interventions dans la greffe d'écussonnage.

Le greffon est délimité, sur la baguette, par trois traits de greffoir dont le premier, horizontal, est fait au-dessus de l'œil ; les deux autres, longitudinaux, partent du trait horizontal, puis se recoupent et se croisent au-dessous de l'œil en délimitant un «blason» aussi large que possible. La spatule est alors introduite sous un côté long de l'écusson, entre le bois et l'écorce, pour décoller cette dernière sur un côté. Un mouvement transversal, prenant appui sur l'écusson, le fait ensuite glisser vers le côté non décollé (planche I).

Il est toujours préférable d'inciser le sujet à greffer avant de prélever le greffon qui se dessèche plus rapidement. Les baguettes doivent être posées dans le sens du rang et à l'abri des vents dominants pour limiter les risques de dessèchement, de décollement ou de blessure de la pousse sous l'effet de ces mêmes vents. Il est recommandé de poser les greffons face à l'est pour diminuer leur exposition journalière au soleil.

À l'endroit du greffage, le plant greffé doit avoir un diamètre minimal de 8 mm. Ce point doit être situé entre 25 et 35 cm au-dessus du sol afin de ménager, sous l'arbre adulte, une hauteur de porte-greffe suffisante pour éviter les attaques de *Phytophtora* sp. sur la partie greffée.

Lors du greffage, il n'y a pas de rabattage.

Écussonnage avec épine

Lorsque les rameaux sont épineux, le prélèvement de l'œil est un peu différent. Un écusson «blason» de 2 cm de haut sur 1 cm de large est découpé au greffoir, puis trois incisions sont pratiquées sur la baguette autour de l'œil : l'une horizontale de 1 cm et à 8 mm au-dessus de l'œil, deux autres, débutant aux extrémités de l'incision horizontale, s'incurvent vers le bas pour contourner l'œil, puis se rejoignent à 1,5 cm au-dessous de celui-ci.

Après avoir soulevé l'écorce avec le greffoir de part et d'autre de l'œil, on prélève une languette de bois, la plus réduite possible, sous l'œil et l'épine. Le greffon ainsi préparé est introduit sous l'écorce du porte-greffe préalablement incisé.

L'épine, suivant les cas, est laissée intacte ou rabattue après ligature du greffon et soigneusement mastiquée.

Greffage en placage d'un œil en copeau (chip-budding)

Cette technique est apparue dans le contexte du développement de la production de plants d'agrumes en pépinières hors sol. Elle peut être appliquée à de très jeunes sujets peu aoûtés, ce qui permet une exploitation maximale des bois de greffe et l'utilisation des yeux épineux et triangulaires. C'est, par ailleurs, un mode de greffage conseillé pour des baguettes de greffons dont les écorces ne se décollent pas.

Les baguettes de greffons doivent présenter le même aspect et le même développement végétatif que la section de porte-greffe qui accueillera l'écusson. En particulier, leur aoûtement doit être identique et les yeux bien apparents.

Tout d'abord, une très mince portion d'écorce et d'aubier est prélevée sur le porte-greffe, pas plus de 2 mm d'épaisseur sur 2 cm de long, en prenant soin de ne pas atteindre la partie plus centrale de la tige. Dans un deuxième temps, un œil est choisi sur la baguette du greffon en faisant coïncider ses dimensions avec celles de l'entaille aménagée sur le porte-greffe. La partie inférieure du greffon est taillée en biseau pour être insérée dans l'encoche du sujet. Les écorces du porte-greffe et du greffon sont mises soigneusement en contact sur tout le pourtour de la plaie (figure 22).

Pour des sujets de fort diamètre, il faut prendre soin de mettre en contact les écorces de greffons et porte-greffes sur un côté et de ne pas poser l'œil au milieu de l'entaille du sujet; car la soudure des cambiums serait mal assurée; une ligature est pratiquée en recouvrant l'œil en totalité avec un ruban de greffage. Le sujet n'est pas rabattu. Huit à douze jours après cette greffe, il faut procéder à une déligature, puis à une religature en laissant, alors, l'œil découvert.

Lors du départ en végétation des yeux greffés, quelle qu'ait été la technique, la partie porte-greffe des sujets est rabattue en laissant une portion de tige de 10 à 15 cm au-dessus de la ligne de greffe (onglet) ; les plants sont soigneusement ébourgeonnés chaque semaine sur la partie porte-greffe et rabattus deux mois après le greffage.

La ligature sera supprimée avant l'étranglement de la jeune tige.

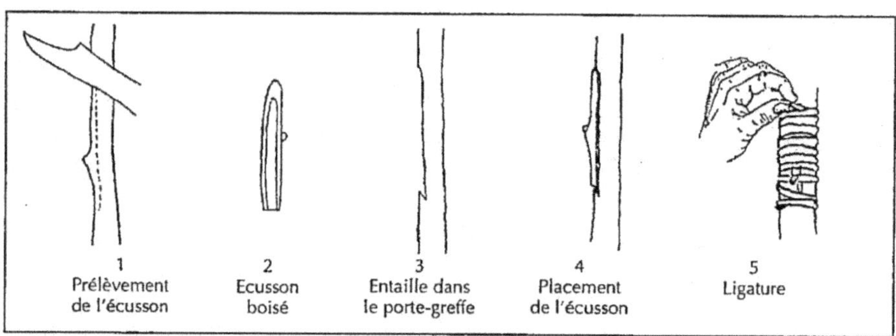

Figure 22. Séquence des interventions dans la greffe d'œil en placage.

Greffage en couronne

Cette technique est utilisée surtout en Espagne et en Algérie ; elle est moins fréquente dans les autres pays méditerranéens où elle est réservée aux gros sujets difficilement greffables en écussons de type « blason ». Des observations faites en Corse ont montré qu'il était possible d'améliorer sensiblement les résultats en substituant à la couronne « classique » la greffe dite de « du Breuil ».

Le porte-greffe est décapité à 30 cm du collet et une incision verticale. De quelques centimètres est pratiquée, en prenant soin de ne soulever l'écorce que d'un seul côté de l'incision. Le greffon est taillé en bec de flûte en pratiquant un biseau à l'opposé d'un de ses yeux. La partie biseautée du greffon est glissée dans l'incision du porte-greffe, le côté biseauté regardant l'aubier du porte-greffe (figure 23). L'opération se termine par une ligature, un mastiquage, puis la pose d'un papier paraffiné qui recouvre totalement la greffe pour éviter la dessiccation.

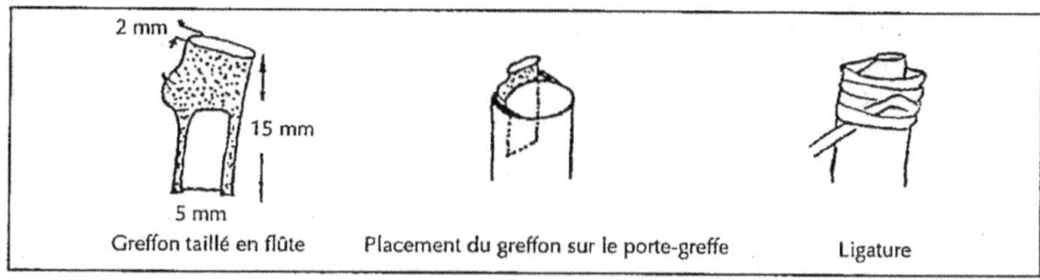

Figure 23. Séquence des interventions dans la greffe en couronne selon la technique dite « du Breuil », couramment pratiquée en Chine.

La reprise peut s'avérer meilleure avec les bois de greffe conservés durant quelques mois en chambre froide (11 °C, 80 % HR).

Époques de greffage

Greffage à œil dormant (ou d'automne)

Dans les zones agrumicoles à hiver long (en Corse, par exemple), le greffage en automne est justifié, car il permet de disposer de bois de greffe et de sujets de meilleure qualité. En effet, dans ces zones, le départ en végétation est parfois trop tardif pour fournir au printemps des bois suffisamment aoûtés et des sujets de bon calibre.

Le début de la période favorable au greffage à œil dormant peut être repéré par l'abaissement régulier des températures à partir de la fin du mois d'août en Corse, ou le début du mois de septembre pour les zones plus chaudes. Cette période favorable se termine vers le 25 septembre en Corse et vers le 10 ou le 20 octobre en Algérie et au Maroc. Il peut y avoir, alors, une certaine difficulté à décoller l'écorce des bois à greffer en début de matinée.

Greffage à œil poussant (ou de printemps)

Cette technique est retenue pour les zones à hiver plus doux où la greffe à œil poussant a de bonnes chances de réussite : l'œil se développe immédiatement après sa soudure au porte-greffe, environ 2 à 3 semaines après le greffage.

La technique « du Breuil » se pratique au printemps et la date de floraison des agrumes détermine, pour cette technique, la période favorable.

Importance de l'état physiologique des greffons

L'état physiologique du pied mère au moment du prélèvement des baguettes de greffons peut avoir une incidence sur la reprise de greffe, son débourrement et la croissance du jeune scion (Van Der Poll *et al.*, 1993).

Soudure de la greffe

Certaines observations ont pu être faites qui précisent quelques-uns des paramètres favorisant la soudure de la greffe :
– les meilleurs résultats sont obtenus avec des baguettes de greffons prélevées sur des pousses jeunes en pleine phase végétative estivale ;
– la teneur en amidon des baguettes n'a pas d'influence sur le taux de reprise des yeux. Cependant, une incision annulaire pratiquée 4 à 6 semaines avant le prélèvement des baguettes augmente le pourcentage de soudure. Ce phénomène est probablement sous la dépendance de certains sucres ; (Van der Poll *et al.*, 1993) ;
– la teneur en AIA (acide indole acétique) joue un rôle important dans la soudure des cambiums. La concentration en AIA est plus élevée sur les pousses actives estivales, portées par des branches préalablement incisées.

Débourrement

Les greffons soudés dont les yeux ne débourrent pas, ou tardent à débourrer, sont souvent le fait de mauvaises connexions dans la soudure des cambiums.

Dans l'ensemble, le pourcentage de soudure et de débourrement est meilleur à partir des yeux prélevés dans la partie apicale des baguettes de greffons que dans la partie basale.

Ces résultats montrent que, pour faciliter les reprises de greffes et accélérer la pousse, il y a intérêt à travailler sur des tissus jeunes en pleine phase de croissance.

Entretien de la pépinière, du greffage des plants à l'arrachage des scions

Pendant cette période, les soins de fumure, binage, désherbage, ainsi que les traitements anti-parasitaires et les irrigations, sont identiques, en périodicité, modes et quantités, à ceux pratiqués après le repiquage.

L'irrigation par aspersion, dans les 12 j qui suivent le greffage, est déconseillée, afin de ne pas mouiller les greffes. Cependant, si un apport d'eau se révèle nécessaire, il devra être effectué à la rigole.

Pour éviter l'étranglement du sujet, les ligatures sont coupées sur le côté opposé à l'œil, entre 3 semaines et 1 mois après le greffage. Plus la croissance du sujet est active, plus cette opération est utile.

Avant le départ en végétation et avant le premier épandage d'engrais, c'est-à-dire vers la fin février, les sujets greffés sont rabattus en laissant un «onglet» de 12 cm à 18 cm de long. Une autre technique consiste à rabattre les sujets à 1 cm seulement au-dessus de la greffe ; si elle supprime les ébourgeonnages ultérieurs, elle nécessite la pose d'un tuteur pour palisser la greffe lors de sa croissance.

L'arcure ou la cassure du porte-greffe au-dessus du point de greffe, pratiquées en Amérique du Sud pour améliorer le développement du greffon et forcer les yeux latents, n'ont pas d'intérêt sous les climats méditerranéens.

Dès le départ en végétation, il convient d'ébourgeonner les sujets tous les 10 à 15 j et durant toute la période d'activité végétative. Dès que la pousse émise par le greffon atteint 10 cm, elle est palissée sur l'onglet avec un lien de raphia disposé en 8 pour éviter qu'il ne glisse et que la pousse n'oscille au vent. Lorsque le scion atteint 70 cm de haut à partir du sol, il est ramené à 65 cm par pincement ou étêtage. Cette technique favorise le départ des futures branches charpentières.

L'onglet est éliminé, de février à mars, durant la période qui précède l'arrachage. Les plaies sont soigneusement mastiquées. Les sécateurs et greffoirs sont systématiquement et régulièrement désinfectés à l'eau de Javel concentrée.

Arrachage et préparation des plants pour la commercialisation

L'arrachage et la préparation des plants diffèrent selon qu'ils sont livrés à racines nues ou en motte.

Préparation à racines nues

La préparation des plants à racines nues s'effectue de préférence à l'automne pour des climats à hiver doux ou à la fin de l'hiver pour les zones plus froides, mais, en principe, jamais au-delà de fin avril (dans l'hémisphère Nord). Le transport et la replantation en verger doivent suivre rapidement l'arrachage, car les plants à racines nues sont fragiles. Il faut arroser copieusement le terrain avant l'arrachage. Les plants sont ensuite rapidement habillés, en réduisant le volume des racines et du feuillage (effeuillage total). Les racines sont pralinées ; les plants sont alors protégés de la dessiccation par un emballage humide, puis stockés à l'ombre et régulièrement réhumidifiés. Les scions sont soigneusement étiquetés avec mention du porte-greffe, de la variété et de l'identification du pépiniériste.

Arrachage en motte

L'arrachage en motte s'effectue entre le 15 février et le 15 mai selon les zones climatiques. Il est plus onéreux que l'arrachage à racines nues, mais offre plus de sécurité.

Une irrigation copieuse (250 à 300 m^3/ha) est appliquée 2 j avant l'arrachage. Pour chaque plant, une motte d'au moins 25 cm de diamètre pour 30 cm de haut est délimitée à la bêche, extraite, puis emballée dans une tontine de paille longue, parfois remplacée par une feuille plastique de 30 microns d'épaisseur ou par un morceau de sac de jute (50 cm × 50 cm). Le feuillage du plant est réduit d'un quart de son volume par souci de rééquilibrage avec des organes souterrains partiellement mutilés (voir clichés c et e de la planche IV présentant des chantiers d'arrachage).

Dans les conditions de sol sableux, il est possible d'utiliser une arracheuse métallique (figure 24), sorte d'emporte-pièce de 17 cm de diamètre pour 27 cm de hauteur. La motte ainsi prélevée est placée dans un sac plastique perforé d'un volume voisin de 6 l, pour un poids de motte d'environ 7 à 8 kg. Le pivot doit

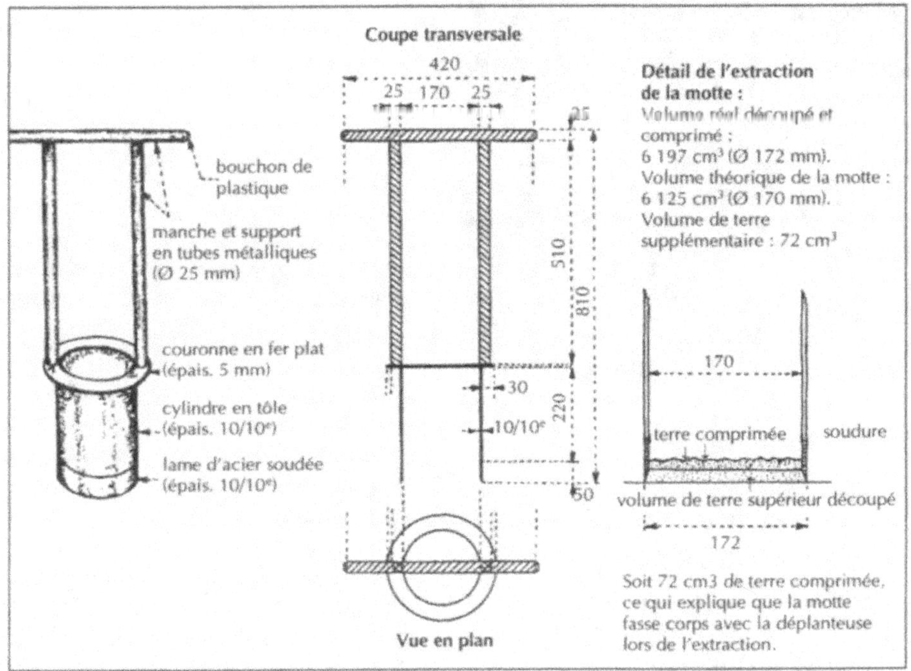

Figure 24. Schéma de déplanteuse proposée par Sizaret (1970) pour la pépinière de pleine terre en terrain sableux (Niger).

être sectionné avant de replacer la motte dans son sac. Les plants peuvent alors être stockés plusieurs jours sous ombrière en attendant leur installation en verger. Cette technique, mise au point par Sizaret (1970), a donné de bons résultats au Niger sous climat aride et en conditions de terrain sableux.

Les plants sont soigneusement étiquetés, avec mention du porte-greffe, de la variété et de l'identification du pépiniériste. Le plant commercialisable standard aura les normes suivantes :

– une motte de 25 cm de diamètre pour 30 cm de haut,

– une tige de 55 cm à 75 cm de hauteur,

– un diamètre de la tige de 8 à 15 mm, à 5 cm au-dessus du point de greffe.

En Espagne, certaines pépinières pratiquent une mécanisation partielle de l'arrachage en motte en faisant passer un coutre semi-circulaire tiré par un tracteur enjambeur (figure 25).

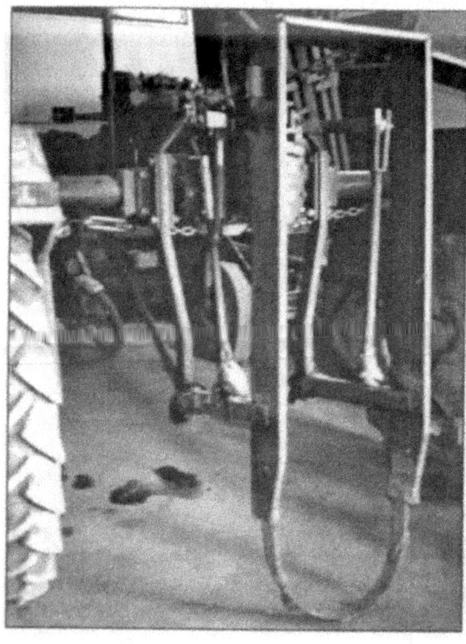

Figure 25. Déplanteuse portée sur l'attache 3 points d'un tracteur enjambeur. Le passage de l'engin permet de déchausser les scions avant leur arrosage et leur conditionnement en mottes (Espagne).

Bibliographie

Camprubi A., Calvet C., 1996. A field inoculation system for citrus nurseries using precropping with mycorrhizal aromatic plants. *Fruits* 51 (2) : 133-137.

Carvalho S.A., Machado M.A., Laranjeira F.F., Muller G.W., Pompeu J. Jr., Sobrinho J.T., 1997. Production of pathogen free citrus budwood in screenhouse in São Paulo Brazil. In : *Proceedings of the V International Congress ISCN*, Montpellier, France, March 1997. Cirad-Flhor ed.

Coetze J.G.K., Esselen L., Van Rooyen. A., 1993. Fertilisation of nursery trees. Alternative method. In : *Proceeding of the IV World Congress of ISCN*, Johannesbourg, Afrique du Sud, juin 1993. Stellenbosch, Afrique du Sud, Express Litho, E. Rabe ed., p. 143-150.

Continella G., Cartia G., 1993. Effects of soil solarization on weed control and seedling development in citrus nurseries. In : *Proceeding of the IV World Congress of ISCN*, Johannesbourg, Afrique du Sud, juin 1993. Stellenbosch, Afrique du Sud, Express Litho, E. Rabe ed., p. 188-196.

Lea-Cox J.D. 1993. Nitrogen use by citrus rootstock species a minireview. In : *Proceeding of the IV World Congress of ISCN*, Johannesbourg, Afrique du Sud, juin 1993. Stellenbosch, Afrique du Sud, Express Litho, E. Rabe ed., p. 151-157.

Marchal J., 1997. *In : Proceedings of the V International Congress ISCN*, Montpellier, France, March 1997. Cirad-Flhor ed.

Platt R.G., Opitz K.W., 1973. The propagation of citrus. *In : The Citrus Industry*. Berkeley, USA, Univ. Calif. Press, W. Reuther ed., vol 3, p. 1-45.

Rodier J., Bazin C., Broutin J.-P., Chambon P., Champsur H., Rodi L., 1996. *L'analyse de l'eau, eaux naturelles, eaux résiduaires, eaux de mer*. Paris, France, J.-M. Quilbe éd., Dunod, 8ᵉ édition, 600 p.

Sizaret A., 1970. Nouvelles techniques de pépinières en sols sableux sous climats arides. (Emploi d'une déplanteuse, méthode de la contre-plantation précoce). Fruits 25 (10) : 725-739.

Tolley I., 1981. Technical problems of citrus nursery propagation. *In : Citrus Nursery Propagation Course*, California, Florida, USA, May 1981. Renmark, Australia, I. Tolleys ed., 30 p.

Van Der Poll P., Miller J.E., Allan P., 1993. Some physiological factors affecting budtake, budburst and scion growth in citrus. In : *Proceeding of the IV World Congress of ISCN*, Johannesbourg, South Africa, June 1993. Stellenbosch, South Africa, Express Litho, E. Rabe ed., p. 284-304.

Planche I

Séquences des interventions dans l'écussonnage et la formation du scion en pépinière de pleine terre (Vullin, Corse).

a) Porte-greffe bon à greffer.

b) Incision horizontale.

c) Incision longitudinale.

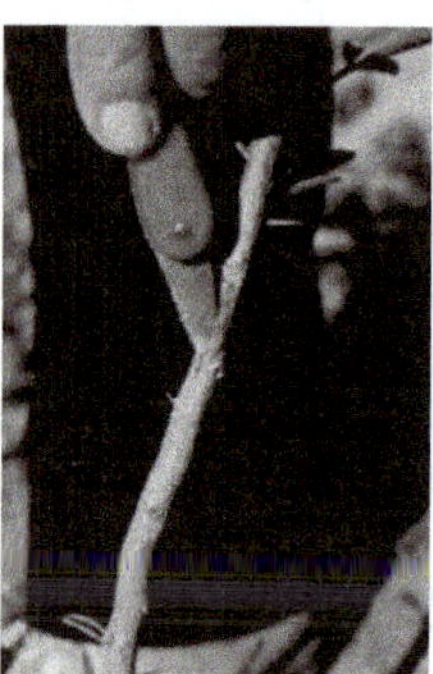

d) Soulèvement d'écorce avec la spatule.

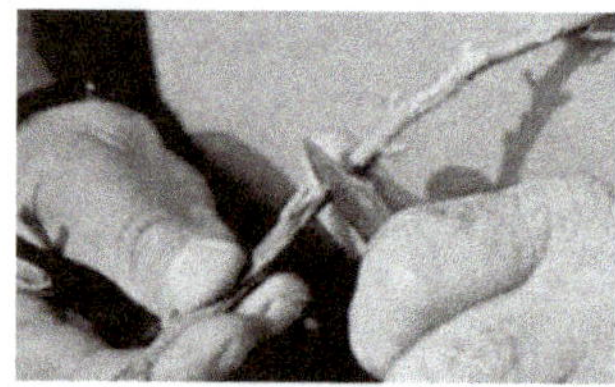

e) Découpe de l'écusson sur la baguette de greffon.

g) Pose de l'écusson avant ligature.

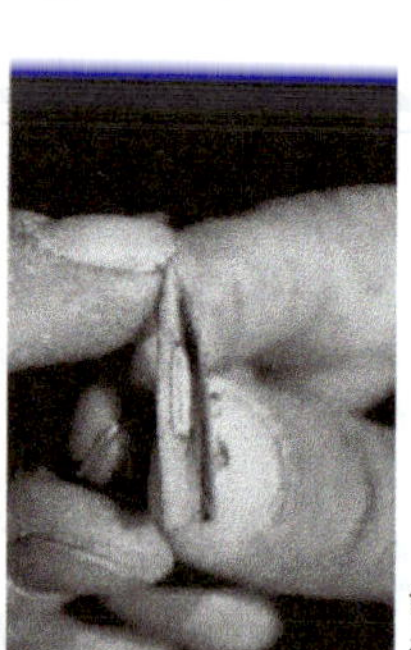

f) Type d'écusson boisé avec épine.

h) Rabattage des porte-greffes au-dessus de la greffe.

i) Onglets de rebattage.

j) Scions dix-huit mois après greffage.

Planche II

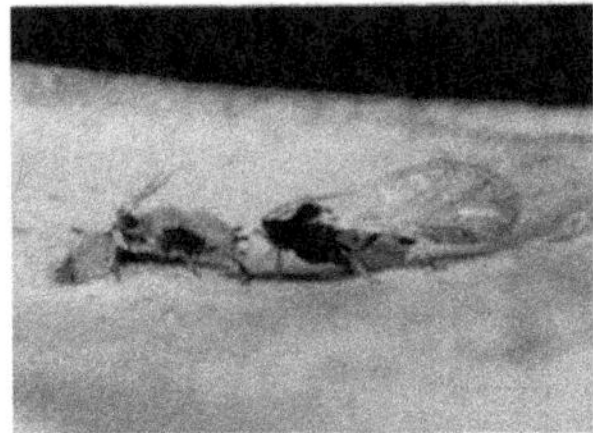

a) Puceron brun des agrumes
Toxoptera citricida :
ailé et aptère sur limbe.

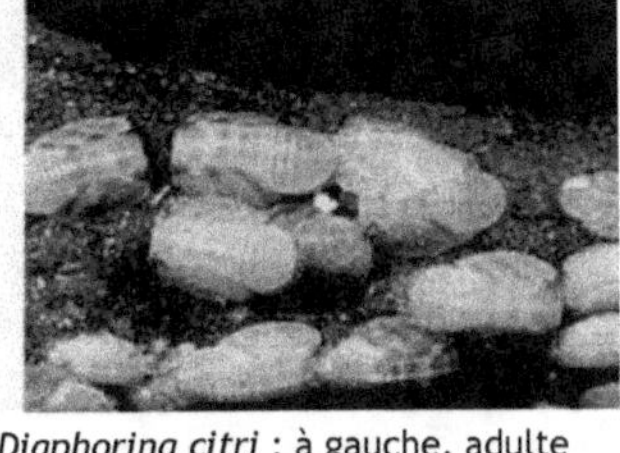

b) Psylle oriental des agrumes *Diaphorina citri* : à gauche, adulte
et larve sur limbe ; à droite, larves ayant migré sur rameau.

c) Psylle africain des agrumes
Trioza erytreae :
adulte sur limbe.

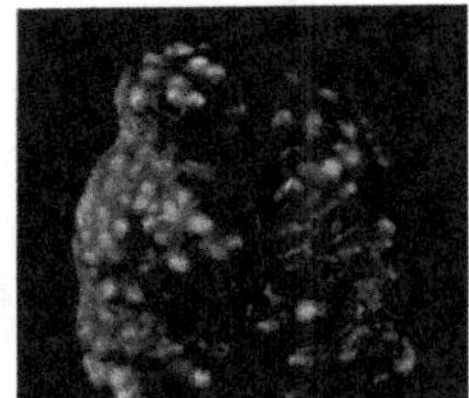

d) Galles sur feuille
de citronnier occasionnées
par des larves
de *Trioza erityreae*.

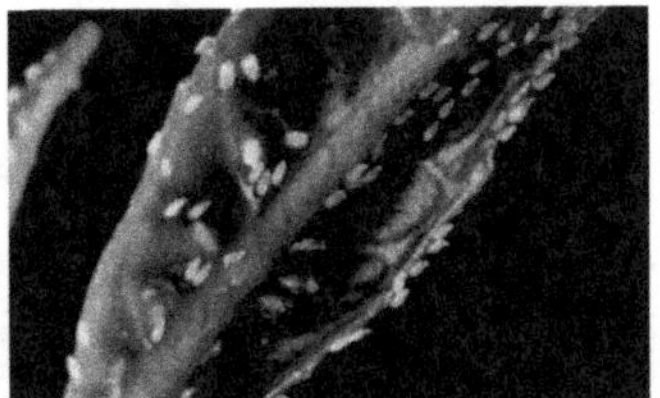

e) Ponte de *Trioza erytreae*
sur jeunes feuilles de limettier.

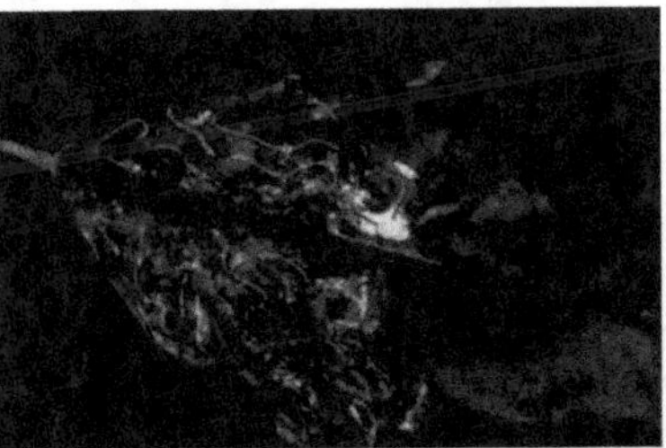

g) Symptômes foliaires résultant
d'attaques de *Brevipalpus phoenicis*.

f) Dégâts de la mineuse des agrumes
Phillocnistis citrella.

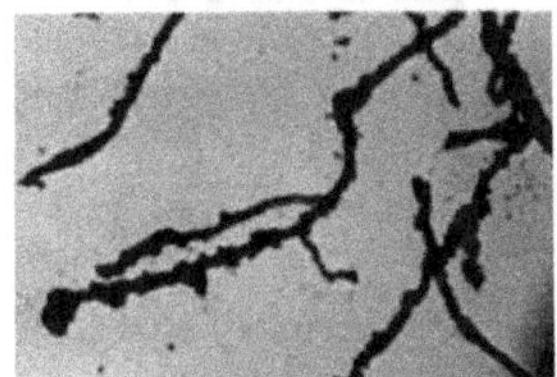

h) Aspects des dégâts sur racine
occasionnés par *Tylenchulus
semipenetrans*.

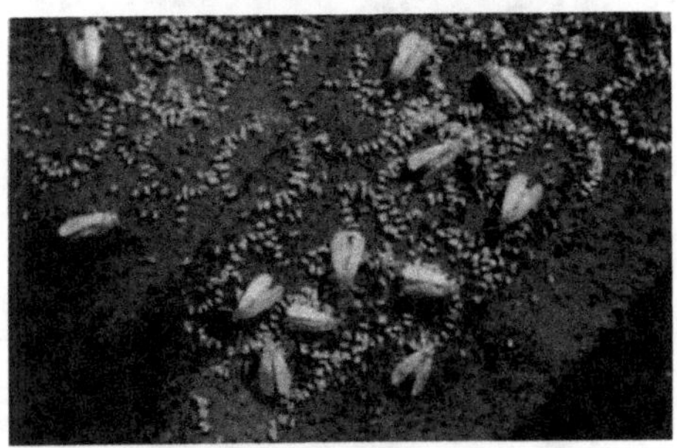

i) Pontes et adultes de mouche blanche
Aleurocanthus woglumi.

"

Planche III

Maladies bactériennes et fongiques et symptômes de carences minérales rencontrées en pépinières ou sur jeunes sujets.

a) Marbrures foliaires (*mottling*) attribuées au huanglungbin-greening (île de La Réunion).

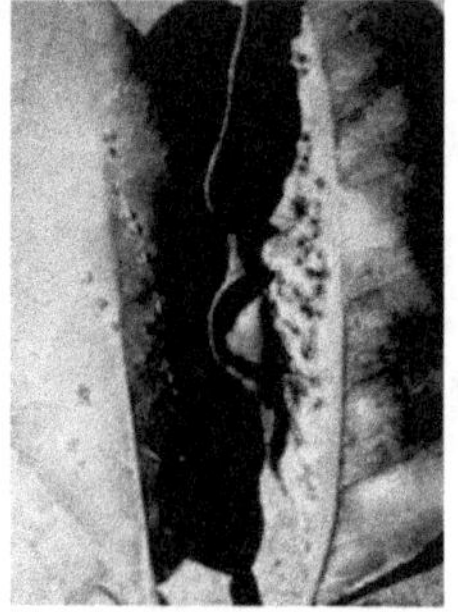

b) Attaque de chancre citrique aggravée par des blessures d'épines et de mineuses (Arabie saoudite).

c) Attaque de scab sur feuilles de bigaradier (Cuba).

d) Attaque de cercosporiose africaine sur jeune plant de pomelo (Cameroun).

e) Attaque d'anthracnose sur jeunes feuilles de limettier (*Tahiti*).

f) Symptômes de carences en zinc et manganèse (Gabon).

g) Jeune citronnier atteint de *mal secco* (Italie).

h) Forte carence en calcium et en magnésium sur feuille de bigaradier (Côte d'Ivoire).

i) Toxicité du glyphosate sur jeunes plants.

j) Brûlures foliaires sur clémentiniers provenant d'une carence en molybdène induisant une toxicité des nitrates (Corse).

Planche IV

Quelques aspects de la pépinière de pleine terre.

a) Parcelle de semis de porte-greffes repiqués à la planteuse japonaise sur lignes jumelées recouvertes d'un film de plastique. Une irrigation au goutte-à-goutte est délivrée sous le film.
Densité de plantation : pouvant aller jusqu'à 80 000 plants/ha.

b) Unité d'amplification de greffon de base conduite en pleine terre sous tunnel de forçage.

c) Scions arrachés et conditionnés en motte dans une enveloppe de paille, prêts pour la livraison.

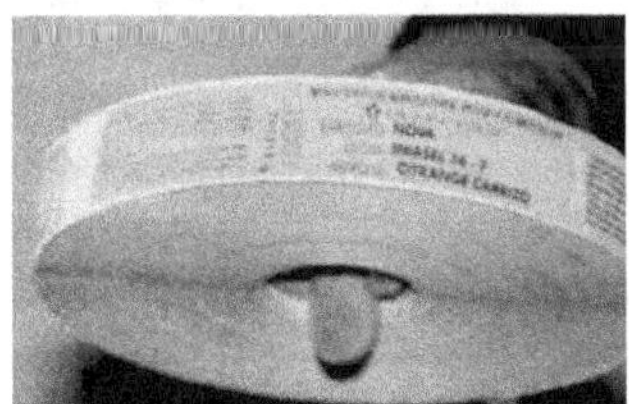

d) Étiquettes de certification autocollantes avec numérotation séquentielle.

e) Chantier d'arrachage de jeunes scions prêts à la livraison. Noter le marquage individuel des plants avec leur étiquette de certification.

f) Pépinières d'agrumes de pleine terre avec mulching en paille de riz (Chine).
À gauche, jeunes plants greffés et tuteurés.
À droite, technique de greffe en couronne dite « du Breuil ».

Planche V

Optimisation de l'espace occupé dans la pépinière hors sol.

a) La préparation du substrat d'enracinement doit faire l'objet d'une mise au point très soigneuse. Exemple d'un stock de milieux qui seront dosés pour le mélange final.

b) Sas d'accès couverts de plastique noir pour prévenir l'entrée accidentelle de psylles ou de pucerons dans les tunnels de culture. Noter la propreté des abords et la protection brise-vent sur la gauche.

c) Tunnel chauffé occupé par des semis de citranges Carrizo mis à germer en Giffy 7 et regroupés en caissettes de plastique surélevées. Un tunnel de 9 × 60 m peut contenir de 70 000 à 80 000 semis.

d) Élevage de semis de bigaradiers en godets de tourbe compactée et regroupés dans des caissettes de plastique surélevées. Serre chauffée et arrosage manuel.

e) Chargement d'un tunnel de repiquage avec des sacs de 14 × 35 cm. Noter les 4 travées de 7 sacs, séparées par des allées, et 2 travées latérales de 5 sacs le long des parois. Un tunnel de 60 m de long et 9 m de large peut contenir 15 000 plants.

f) Jeunes semis de 1 mois sur tourbe compactée au moment du repiquage et de 9 mois (droite) au moment du greffage.

Planche VI

Techniques de pépinières hors sol sous abri.

a) Palettisation de semis de citranges ayant atteint
le stade de l'écussonnage. Remarquez les liens
d'écussonnage placés très haut sur le porte-greffe
et le système de ventilation dans la voûte du
tunnel d'élevage.

b) Autre technique de palettisation sous tunnel
de porte-greffes de rosacées fruitières.
Notez en arrière-plan la protection brise-vent
et au premier plan l'aire bétonnée,
traitée au cuivre.

c) Culture de citranges en grands sacs sous tunnel.
Notez le tabouret roulant pour faciliter la tâche
des greffeurs.

d) Pépinières hors sol avec surélévation
des sachets sur console drainante en ciment.
Apport d'irrigation fertilisante au microtube.

e) Greffage de bigaradiers cultivés en technique
hors sol sous serre « canarienne ».

f) Les techniques hors sol doivent aboutir
à un plant vigoureux disposant d'un chevelu
de racines très fourni et bien réparti.

Exemples d'implantation de vergers d'agrumes.

a) Verger de mandariniers «Fuzhou», installé
en zone de delta rizicole. À droite, jeunes plants
établis sur butte avec une culture intercalaire
de riz. À gauche, même type de verger,
8 ans après (Fujian, Chine).

b) jeunes arbres, juste après leur plantation,
protégés du vent et des dégâts par une cage
individuelle recouverte de film plastique (Grèce).

c) Verger de mandariniers installé en zone de canne
à sucre avec du matériel végétal certifié. L'absence
d'autres agrumes dans l'environnement constitue
une mesure préventive contre les contaminations
accidentelles de maladies et de vecteurs
(île de La Réunion).

d) Jeunes plantations d'agrumes installées
sur courbes de niveau pour limiter l'érosion
(État de São Paulo, Brésil).

e) Jeune plantation conduite avec une culture
d'engrais vert (radis chinois) en intercalaire
des lignes de plantations. À droite, l'engrais vert
a été enfoui dans le sol (Corse).

f) Labour de défoncement avant l'installation
d'une pépinière d'agrumes ou d'un jeune verger
(Corse).

Planche VIII

Pépinière hors sol pour la production d'agrumes d'ornement.

a) Production de calamondin sur console en ciment avec irrigation fertilisante au microtube. Culture en conteneurs rigides. Noter le chariot enjambeur qui facilite les manutentions.

b) Système d'enracinement d'un calamondin greffé sur *Citrus volkameriana*. Un abondant chevelu s'est constitué au fond du pot.

c) Production de citronniers Lavalette sur console en ciment avec irrigation par aspersion fertilisante.

d) Détail du point de greffé d'un calamondin propagé par le système de greffe de bouture semi-herbacée.

e) Citronniers Eurêka de 30 mois prêts à la vente. À gauche de l'allée, sujets avec fruits, à droite sujets émondés, en début de floraison.

f) Exemple de jeune plant de calamondin avec mise à fruit précoce, recherchée pour les plantes d'ornement.

6

La pépinière hors sol

Dans ce chapitre, le terme de « hors-sol » est utilisé par opposition à celui de « pépinière de pleine terre ». Cette appellation recouvre, toutefois, des procédés très divers. Le plus commun est celui où les plants sont élevés à l'air libre, dans des sachets plastiques, quelquefois aussi dans des tontines ; il s'agit alors d'une simple variante des techniques décrites dans le chapitre consacré à « la pépinière pleine terre ». Il est préférable de parler, dans ce cas, de « pépinières de plein air, en conteneurs ».

Depuis quelques années, des procédés très élaborés ont été mis au point, auxquels le terme de culture « hors sol » est plus spécifiquement réservé ; il s'agit de cultures artificielles sous abri, combinant l'emploi de substrats sans sol et celui de systèmes d'irrigation fertilisante (planches V et VI).

Pépinières de plein air, en conteneurs

Dans ce type de pépinières, le substrat d'enracinement utilisé dans les conteneurs est de la terre franche (figure 26). Il s'agit, généralement, de terre sableuse d'alluvions (Sicile, Corse, etc.) ou de mélanges comprenant pour moitié un sol argilo-limoneux et pour moitié de la pouzzolane ou, dans les régions tropicales d'alizés des Antilles et de l'océan Indien, de la ponce volcanique. L'incorporation de terreaux forestiers est fortement conseillée lorsque cela est possible.

La préparation des semis est menée en planches, à l'extérieur. La plupart des recommandations énoncées pour la pépinière de pleine terre (voir chapitre précédent) sont alors applicables à ce type de culture : choix du terrain, fumure de fond, irrigation, planning de repiquage, conduite et fertilisation des porte-greffes, greffage et entretien des scions (figure 27). La durée du cycle de préparation des plants greffés est également proche de celle enregistrée dans des pépinières conduites en pleine terre. Le seul avantage est, qu'au moment de la livraison, les plants seront déjà conditionnés en pots.

Ces techniques de pépinière sont encore pratiquées, à grande échelle, dans d'importantes régions productrices d'agrumes comme le Brésil, la Sicile (figure 28), Cuba, l'Afrique du Nord, l'Afrique au sud du Sahara, etc. Elles sont relativement simples à réaliser, peu onéreuses, et mettent en œuvre un substrat d'enracine-

Figure 26. Terre franche utilisée comme substrat d'enracinement (Sicile).

ment qui est, en principe, naturellement pourvu en mycorhizes, surtout s'il a été enrichi avec du terreau forestier (terreau d'arganier dans le sud marocain, de chêne-liège en Tunisie ou litière de cacaoyère en zones tropicales). Le problème des mycorhizes est abordé dans l'annexe VII.

Figure 27. L'élevage en hors-sol des porte-greffes et des scions suit un parcours identique à celui de la pépinière.

Figure 28. Sacs plastiques calibrés (environ 71) et installés sur bâches tissées pour empêcher le développement de mauvaises herbes (Sicile).

La conduite de la pépinière de plein air, en conteneurs, est le procédé le plus répandu dans les innombrables petites pépinières villageoises et familiales de la ceinture intertropicale. Cependant, malgré les divers avantages de la technique, quelques inconvénients ont pu être relevés :

— la qualité du substrat d'enracinement peut varier considérablement en fonction de l'approvisionnement en milieux de base et être alors la cause, non négligeable, d'hétérogénéités dans le développement des plants ;

— le choix du substrat n'est pas fait à partir de l'utilisation de critères physico-chimiques précis. En particulier, la porosité, la capacité de rétention, le pH et la conductivité du sol (les annexes VI et VIII présentent la façon de contrôler ces paramètres) ne sont pratiquement jamais évalués. Bien souvent les sacs de pépinières sont remplis à la hâte d'un mélange de terre fine auquel est incorporé du fumier mal décomposé. Les jeunes semis d'agrumes restent chétifs à la fois par manque d'aération du substrat et par excès de conductivité électrique (salinité relarguée par le fumier insuffisamment composté) ;

– comme ces conditions entravent le développement du chevelu des racines, le porte-greffe aura tendance à développer un pivot qui s'enroule à l'intérieur du sachet plastique. Cette déformation entraînera des retards de croissance du jeune plant, aussi bien au stade de la pépinière que, plus tard, lorsqu'il aura été installé dans le verger. Dans certains autres cas, le pivot peut traverser le sac et s'enfoncer dans la terre ; cela occasionnera des accidents de végétation au moment de la transplantation ;

– la prévention sanitaire vis-à-vis d'organismes nuisibles comme les *Phytophthora* sp. et les *Pythium* sp. ou encore envers certains nématodes ou charançons des racines laisse souvent à désirer, et les risques d'exposition des plants aux maladies transmissibles par voie naturelle, telles que la tristeza, le chancre citrique, le huanglungbin-greening, etc., sont élevés.

Dans la plupart des pays du sud-est asiatique (Philippines, Vietnam, Indonésie, Thaïlande), ce type de pépinière produisant des plants d'agrumes est encore très largement répandu à l'échelle de petites entreprises familiales (figures 29 et 30). Celles-ci mènent souvent, de front, la multiplication d'autres espèces fruitières (manguiers, longans, etc.) ou même ornementales, y compris de certaines rutacées comme *Murraya paniculata* ou *Limonia acidissima,* hôtes de *Diaphorina citri.* Elles sont quelquefois regroupées au sein de coopératives villageoises et leur production, qui est écoulée sur les marchés régionaux, constitue une redoutable source de dissémination du huanglungbin-greening et de son vecteur *Diaphorina citri.* D'autres affections, comme le chancre citrique ou certaines souches sévères de tristeza, peuvent être répandues par ce circuit, caractérisé aussi par des prix de vente très bon marché (environ 4 à 5 F/plant greffé). Toutefois, dans ces régions d'Asie, la multiplication des plants d'agrumes tend à être confiée, de plus en plus, à un secteur très professionnalisé, mettant en œuvre des techniques «hors sol, sous abri», aptes à produire des plants de qualité certifiés et indemnes de maladies.

Figure 29. Pépinière conduite en sacs de plastique de 4 l, partiellement enterrés (Nord-Vietnam).

Certaines de ces techniques, qui pourraient être adaptées à la petite production familiale de plants de plein air en conteneurs, permettraient d'en améliorer la qualité.

En Afrique, au sud du Sahara, les petites pépinières villageoises, conduites souvent en plein air et en conteneur, sont exposées aux attaques du psylle *Trioza erytreae* (planche XI, clichés c, d et e), vecteur de la forme africaine du huanglungbin-greening. La cercosporiose africaine est également disséminée sur de longues distances à la faveur du transport de plants venant de pépinières mal gérées et contaminées. Ces deux maladies infligent des pertes considérables dans les régions productrices d'agrumes traditionnelles des hauts plateaux de Guinée, du Cameroun et d'Afrique de l'Est (Kuate *et al.*, 1997 ; Rey, 1997).

Figure 30. Pépinière familiale dans le sud-est asiatique. Les plants d'agrumes fruitiers et ornementaux, de manguiers et de longans sont préparés dans des sacs de médiocre qualité. Ce type de plantation constitue souvent un redoutable foyer de dissémination des maladies.

Pépinière hors sol, sous abri

Les difficultés croissantes qu'ont de nombreux producteurs à se procurer des plants d'agrumes de qualité et en quantités suffisantes ont incité certains pépiniéristes d'avant-garde à se lancer dans la production intensive de scions en culture hors sol. La Floride, l'Australie et la Californie ont fait œuvre de pionniers en la matière (Tolley, 1981) ; ce mouvement a été suivi, ensuite, par l'Afrique du Sud (Lee et Roxburg, 1992) et l'Espagne. Aujourd'hui de nombreux pays s'engagent également dans cette voie, laquelle est également retenue par les producteurs d'agrumes d'ornement.

Les objectifs qui motivent une telle démarche sont divers ; il s'agit de :
– respecter rigoureusement les filiations et les normes sanitaires afin de produire des plants certifiés, indemnes de maladies. À cet effet, la conduite des phases d'amplification et de production se pratique sous abri étanche aux insectes vecteurs ;

– réduire les coûts de transport et de manutention grâce à l'utilisation de substrats légers ;
– écourter les cycles de production en ayant recours à la climatisation et à l'irrigation fertilisante, combinées à l'emploi de substrats correctement équilibrés ;
– rentabiliser des unités « industrielles » atteignant un rythme de plusieurs centaines de milliers de plants par an ;
– rationaliser l'espace occupé par la pépinière.

Dans ce cas, la culture, artificielle, se fait sur banquettes au-dessus du sol ; le pépiniériste atteint une maîtrise aussi parfaite que possible de tous les paramètres de production. Il s'apparente alors à un producteur serriste d'ornement (rosiers, lauriers, etc.) et il peut, d'ailleurs, être pleinement assimilé à ce type de profession, lorsqu'il produit des agrumes pour le marché de l'ornement : calamondins, kumquats, citronniers, etc.

L'infrastructure d'une véritable pépinière hors sol suppose des investissements assez lourds en tunnels, systèmes d'irrigation et d'injection d'engrais, unité de préparation des milieux, bandes convoyeuses, matériel de transport, cage d'isolement, chambres froides, etc. La main-d'œuvre doit être qualifiée et motivée.

Choix du site et aménagement de base

Pour installer une pépinière hors sol, il est préférable de choisir un site non inondable, bien drainé, à l'écart des plantations d'agrumes et facilement accessible au matériel roulant, aux gros camions notamment. L'agencement des différents postes de travail doit être conçu de telle sorte qu'il assure efficacité et respect des règles phytosanitaires (figure 31). Un sens doit être imposé dans le mouvement des substrats, des végétaux et des personnes avec des compartimentations isolées par des bacs de désinfection.

Clôture et bain désinfectant

Le périmètre de la pépinière doit être protégé par une clôture : fils de fer barbelés et haie d'épineux (*Cassia eburnea, Lycia* sp., bougainvillée, etc.). Cette haie pourra être doublée d'une ligne de brise-vent qui ne doit pas, cependant, apporter trop d'ombrage.

L'entrée principale de la pépinière sera équipée d'un bac de trempage destiné à désinfecter le matériel roulant. Ce bac doit avoir une dimension d'au moins 4 m de long et 30 cm de profondeur, afin de garantir un traitement efficace des grandes roues de camions ou de tracteurs. Il sera rempli d'une solution d'oxychlorure de cuivre (3 g/l) ou de formaline à 2 %. Des tapis-brosses imbibés de ces solutions (qui sont renouvelées au moins tous les 10 j) seront placés également à l'entrée des serres, des tunnels et de la chambre de germination. L'emploi de solutions d'eau de Javel à 500 ppm de chlore actif est également conseillé pour la désinfection des sols (voir chapitre précédent).

Aire de stockage des milieux

Le local où les milieux de culture sont stockés doit être bétonné et séparé de l'aire où se fait l'élevage des plants. Il est utile de prévoir une pente d'évacuation

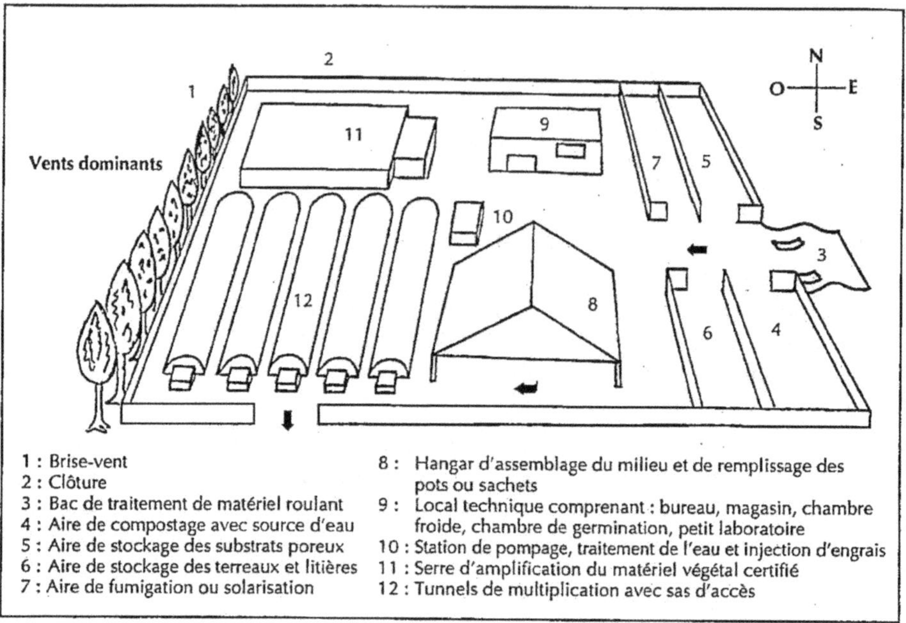

Figure 31. Plan de masse d'une pépinière produisant du matériel certifié en hors-sol.

des eaux de ruissellement, orientée dans le sens opposé aux serres et aux tunnels. L'aménagement de compartiments de stockage individuels doit être conçu pour les différents composants du substrat : tourbe, écorce de pin, sable grossier, terreau ou litière forestière, calcaire, dolomie, etc. L'utilisation de convoyeurs facilite la manipulation des volumes. Si nécessaire, une aire de solarisation peut être envisagée pour le traitement de certains des composants du substrat.

Par ailleurs, l'un des compartiments sera obligatoirement réservé au compostage si des matières organiques brutes – écorce de pin, fibres de coco, pailles de vetyver, etc. – sont utilisées. Cette aire devra être équipée d'une arrivée d'eau pour humecter le stock de substrat et faire pénétrer les engrais azotés lors de la phase de compostage.

Aire de préparation des mélanges et de remplissage des sacs ou des conteneurs

L'endroit, où se font la préparation des mélanges et le remplissage des sacs ou des conteneurs, sera, de préférence, aménagé sous un grand hangar ; ainsi :

– les pertes, par lessivage ou volatilisation, de la fumure de fond (calcaire, dolomie et engrais à libération progressive) entrant dans la composition du mélange, seront réduites ;

– le remplissage des sacs pourra se faire à toute époque de l'année et ne sera pas tributaire de la climatologie ;

– il sera plus facile de mécaniser le remplissage des sacs ou des conteneurs avec des rempoteuses dans le cas des pépinières d'ornement utilisant des conteneurs rigides.

Local technique

Le local technique doit comporter les aménagements suivants :
– une chambre de germination équipée d'un système de chauffage et d'éclairage d'appoint,
– un local pour le petit outillage de la pépinière et les produits phytosanitaires,
– une salle de douche et un vestiaire pour le personnel,
– un laboratoire pour les mesures de pH, conductivité, porosité et capacité de rétention et pour les pesées d'engrais,
– une chambre froide pour le stockage des graines et des greffons,
– un bureau pour l'archivage des documents, la facturation et la documentation.

Station d'alimentation et de traitement de l'eau

Ce poste sera plus ou moins important selon la qualité de l'eau utilisée, le type d'irrigation retenu (micro-sprinklers ou goutte-à-goutte), l'adjonction ou non d'engrais en solution.

Si l'eau est très chargée en limon, elle devra être clarifiée dans un bac de décantation. Le traitement consiste à faire floculer les matières en suspension par traitement au sulfate d'aluminium.

Si le contrôle phytosanitaire doit être très strict (plants certifiés indemnes de nématodes, et/ou de *Phytophthora* sp., par exemple), il faudra prévoir un système de désinfection de l'eau qui peut être assurée de deux façons :
– par voie chimique en incorporant de l'eau de Javel concentrée avec une pompe doseuse, afin d'atteindre une concentration de 2 à 3 ppm de chlore,
– par traitement physique effectué sous rayonnement ultraviolet à l'aide de capsules placées à l'entrée de l'alimentation d'eau.

En cas d'injection d'engrais en solution, il faut également prévoir au moins deux bacs pour éviter la formation de précipités. Chacun d'eux sera équipé d'une pompe doseuse.

Enfin des séries de filtres sont à installer : filtre à sable d'une part et cartouches d'autre part, dans le cas d'une irrigation au goutte-à-goutte.

Serre d'amplification

Le pépiniériste qui travaille selon un système intensif hors sol dispose, en général, de faibles quantités de matériel initial de niveau zéro S_0 (voir chapitre sur « l'approvisionnement en plants d'élite »), lequel devra être amplifié en phase S_1. Pour cela, il aura intérêt à disposer d'une serre climatisée lui permettant d'optimiser la croissance de ses plants S_1 pendant les 12 mois de l'année, conformément au schéma de production décrit dans l'annexe V.

En région méditerranéenne, un système de chauffage et d'éclairage d'appoint est nécessaire pendant la période hivernale. L'été, en revanche, la température doit être maintenue, le jour, en dessous de 32 °C par régulation thermique (*hydro-cooling*).

Les conditions ambiantes optimales pour la croissance des agrumes sont de 28 à 30 °C, le jour, et 18 à 20 °C, la nuit. La température du substrat d'enracinement doit être maintenue aux environs du 18-20 °C. La mise en œuvre d'un système à double effet peut donc être nécessaire : chauffant en hiver, refroidissant en été. L'humidité relative peut osciller entre 60 et 80 %. L'éclairage doit atteindre au moins 2 500 lux pendant 13 à 14 h/j. En hiver, il devra donc être complété.

La serre d'amplification peut être soit un tunnel, soit une serre «chapelle» (300 à 400 m^2), la couverture étant constituée d'une bâche de polyéthylène à double paroi maintenue gonflée par un système de surpression. Un équipement de refroidissement (ventilation forcée au travers d'un pad humecté) permettra d'éviter les excès de température en période estivale. Ce type de structure convient aussi bien en régions tempérées que tropicales. Il faut lui adjoindre des systèmes de doubles portes (de préférence recouvertes de plastique noir) pour éviter les passages des vecteurs : psylles et pucerons notamment (planche V, cliché b). Sous climat méditerranéen, des structures rigides résistant à la grêle et au poids de la neige sont à prévoir.

Chambre de germination

Les systèmes intensifs de production de plants d'agrumes reposent au départ sur une procédure de germination accélérée des graines. Elle permet :
– de raccourcir à 10-15 j la levée de plus de 60 % des graines, voire de 85 % d'entre elles s'il s'agit de graines fraîchement récoltées, au lieu des 30 à 40 j habituellement observés,
– de constituer des lots de jeunes semis très homogènes.

L'unité de germination est une chambre peinte en blanc (pour réfléchir la lumière), chauffée à 30 °C en température constante et humidifiée à 90 %. Un volume de 2 m × 4 m au sol et 3 m de haut permet de faire germer jusqu'à 300 000 graines. La source lumineuse et l'humidification peuvent suffire à maintenir la température au niveau désiré.

Les graines qui ont subi un traitement de levée de dormance (voir annexe II) sont placées sur vermiculite pure (grade moyen) dans des caisses de plastique (longueur : 35 cm ; largeur : 25 cm ; profondeur : 10 cm) à fond ajouré. Esselen et Hough (1983) ont, en effet, démontré que les jeunes racines de porte-greffes d'agrumes, formées dans la vermiculite, sont, dès le départ, rigides et endurcies en raison de la forte porosité de ce substrat. L'opération de repiquage en est donc grandement facilitée. L'usage de vermiculite neuve est conseillé, pour pouvoir disposer les caisses dans la chambre de germination sur des racks sans risque de transmission de germes par les percolats d'un étage à l'autre. Des chariots pourront faciliter la manutention des palettes de semis (figure 32).

Les semis sont repiqués au stade 3 feuilles lorsqu'ils ont atteint 5 cm de haut. La croissance du pivot étant automatiquement arrêtée au contact de l'air, le fond ajouré de la caissette permet au jeune système d'enracinement d'amorcer très tôt sa division et sa croissance diamétrale et d'être alors plus vigoureux au moment de sa transplantation.

Ce système permet de transférer les caisses de jeunes semis dans un tunnel d'acclimatation pendant environ trois semaines, puis de les repiquer directement en sacs de 5 ou 7 l, sans passage intermédiaire dans des petits conteneurs.

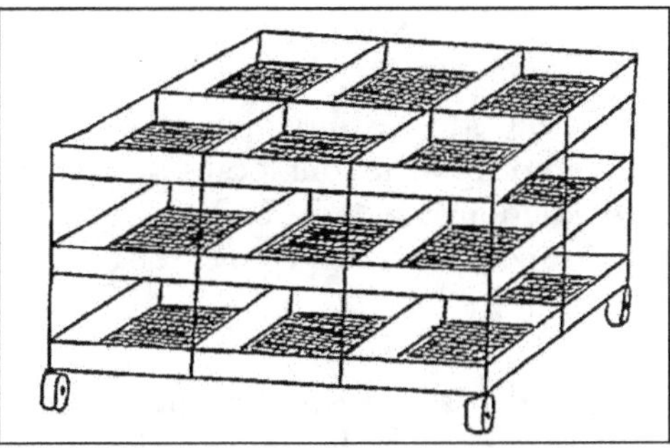

Figure 32. Palette de climatisation à fond ajouré, placée sur plate-forme roulante et destinée à être placée en chambre climatique.

À la place de la vermiculite, de petits dés de tourbe compactée (cylindre de 2 cm de diamètre sur 3,5 cm de haut, soit environ 10 cm^3), contenant chacun une graine, peuvent être utilisés. Le jeune semis sera alors directement repiqué avec sa motte (planche V, clichés c et d). L'emploi de Jiffy 7 est aussi une solution intéressante, mais qui peut s'avérer plus onéreuse.

Tunnels d'élevage et leur socle

En climats méditerranéens ou tropicaux, l'emploi de tunnels larges de près de 9 m est recommandé. Le socle du tunnel doit être surélevé et comblé avec du gravier, afin d'assurer un excellent drainage des sachets plastiques ou des pots, ces derniers étant alors posés directement sur le sol. Si celui-ci est recouvert d'une chape de ciment ou d'un plastique noir, il sera préférable de placer les sachets sur une banquette drainante. Les plants recevant de fréquentes irrigations, ce drainage permettra d'évacuer les eaux de percolation. Pour une croissance optimale, il conviendra d'aménager des systèmes de chauffage au sol.

Orientation

Pour les régions subtropicales comprises entre 25° et 40° de latitude N et S, des tunnels orientés dans la direction nord sud permettront d'assurer une meilleure répartition de la lumière en hiver, lorsque le soleil est plus bas sur l'horizon.

Couvertures

Selon les conditions climatiques et les contraintes sanitaires, plusieurs types de couverture des tunnels d'élevage sont envisageables :
– en zone méditerranéenne, un filet antigrêle filtre environ 20 % de la lumière solaire et une bâche plastique transparente, qui descend jusqu'au sol en hiver, limite le refroidissement nocturne des jeunes plants. L'été, la bâche peut être relevée sur les bords du tunnel. Pour produire des plants certifiés indemnes de tristeza, un grillage moustiquaire devra être disposé sur les parties ouvrantes du tunnel ;

– en zones tropicales ou subtropicales exposées aux attaques de vecteurs, un grillage moustiquaire qui recouvre le dispositif peut suffire ; en principe, il permet d'éviter l'installation d'un système de refroidissement. Des portes d'accès recouvertes de plastique noir et donnant sur des sas d'entrée empêchent la pénétration accidentelle des vecteurs (pucerons, psylles, cicadelles).

Dans les régions contaminées par le chancre citrique, le recours à la protection d'une bâche de plastique est recommandé. Cette précaution est utile en saison de fortes pluies et s'impose lorsque des foyers de chancre sont localisés à proximité de la pépinière (200 m à 1 500 m). Les précautions à prendre en matière de prophylaxie ont été déjà évoquées dans le chapitre consacré à la « pépinière de pleine terre ».

Longueur des tunnels

La longueur des tunnels ne devrait pas dépasser 30 m afin que la ventilation soit suffisante pendant la période chaude. La manipulation de bâches d'une telle dimension est relativement facile.

Toutefois des longueurs de 60 m peuvent être envisagées, notamment en zone littorale bénéficiant de brises marines. Des ouvertures doivent alors être prévues dans la toiture pour assurer une bonne circulation de l'air.

Des systèmes d'enroulement et déroulement automatiques des parois des tunnels ont été mis au point récemment. Dans ce cas, les longueurs peuvent atteindre jusqu'à 200 m. Un double tunnel de 9 m de largeur de voûte permettra de couvrir une surface au sol de 9 m × 2 m × 200 m = 3 600 m^2.

Répartition des plants dans les tunnels dans le cas de la production d'agrumes fruitiers

L'élevage des porte-greffes, puis leur écussonnage et la formation des jeunes scions peuvent être conduits avec succès en utilisant des sacs de 14 cm de diamètre et 35 cm de profondeur, soit d'un volume d'environ 5 l.

L'utilisation d'un tunnel de 8,5 à 9 m de large permet de placer 4 travées de 7 sacs séparées par 5 allées d'accès et flanquées de travées latérales de 5 sacs, le long des parois (planche V, cliché e).

Pour une largeur d'allée de 90 cm, ce sont 7 500 plants qui pourront être placés dans un tunnel de 30 m, et 15 000 plants dans une structure de 60 m. Un bi-tunnel long de 200 m pourra contenir jusqu'à 85 000 plants.

Un tel dispositif est valable pour la phase initiale de « lancement » des porte-greffes, jusqu'au moment du greffage. Les plants devront être ensuite espacés pour :
– faciliter le travail des greffeurs,
– bénéficier d'un meilleur éclairement,
– rendre plus commode les interventions après greffage : palissage, ébourgeonnages, pincements et pulvérisations.

Dans la pratique, la densité devra être réduite de 60 % par rapport à celle utilisée pour la phase précédente, ce qui se traduira par une manipulation et un déplacement des sacs.

Il est possible, cependant, de retenir, dès le départ, une densité de « chargement » qui restera inchangée jusqu'à la finition du plant greffé prêt à la vente. Dans ce cas, il est préférable de ne pas dépasser une largeur de 5 sacs par travée et de prévoir des allées d'accès de 1 m de large. L'utilisation de tabourets roulants facilitera la tâche des greffeurs (planche VI, cliché c).

Pour les pépinières très mécanisées utilisant couramment des engins de levage, la palettisation des sacs peut constituer également une solution intéressante (planche VI, clichés a et b).

Choix du substrat d'enracinement

Le succès d'une pépinière de plants d'agrumes conduite en technique hors sol est très largement conditionné par le choix du substrat d'enracinement.

Dans la pratique, le pépiniériste aura à concilier des impératifs très divers :
– disponibilité et coûts des milieux de base,
– régularité des approvisionnements : à titre d'exemple, une pépinière produisant 100 000 plants/an doit utiliser de 600 à 700 m^3 de substrat,
– qualités physiques et chimiques des milieux,
– densité du substrat pour faciliter les manipulations tout en assurant un bon ancrage des plants dans les pots,
– qualité sanitaire des milieux (absence de nématodes ou d'autres organismes pathogènes des racines).

Les substrats préparés à l'avance étant souvent trop onéreux, le pépiniériste se voit obligé d'effectuer lui-même ses mélanges.

Pour obtenir un support de culture offrant les meilleures garanties de croissance des plants, il convient de respecter certaines règles de base relatives aux qualités physiques, biologiques et chimiques de ce support.

Qualités physiques

Deux paramètres touchant les qualités physiques du support sont essentiels : la porosité et la capacité de rétention. Le pépiniériste peut lui-même évaluer approximativement la valeur de ces variables en se conformant au protocole décrit dans l'annexe VI.

Alors que la porosité apporte une information essentielle sur le degré d'aération du substrat en condition d'humidité saturante, la capacité de rétention correspond au volume total d'eau retenu, lorsque le substrat a été totalement réhumecté, puis drainé. Un bon support d'enracinement doit respecter un équilibre convenable entre ces deux paramètres.

Le support le moins conseillé pour la conduite d'une pépinière de plants d'agrumes est celui d'un sable fin non aéré et à faible capacité de rétention. Les racines seront alors soumises à deux stress majeurs : asphyxie et dessiccation périodiques.

Porosité

Le protocole décrit dans l'annexe VI permet d'évaluer la macroporosité (*air-filled porosity*). Un substrat d'enracinement correctement aéré doit atteindre entre 15 % et 25 % de macroporosité. Plus la proportion de particules fines d'un substrat est élevée, plus faible est la porosité. Ainsi, Smith et Lea-Cox (1993) indiquent que, pour qu'un support de culture atteigne le seuil de 15 % de porosité, il ne doit pas comporter plus de 10 % de particules inférieures à 0,5 mm :

– les fibres végétales (tourbes, fibres de coco) ou l'écorce de pin présentent en général une bonne porosité, à condition de ne pas avoir été broyées trop finement,

– la tourbe blonde, dont la caractéristique est d'être peu humidifiée, présente une porosité plus élevée que la tourbe brune dont la proportion d'éléments fins augmente au fur et à mesure de son degré d'humification.

Les roches concassées d'origine volcanique – ponce, zéolite, pouzzolane, gravier basaltique du type keremulite, etc. – peuvent également présenter une excellente porosité si elles sont correctement criblées pour éliminer les éléments fins. Il en est de même des graviers dont la taille moyenne des particules est de l'ordre de 2 à 5 mm.

Les produits naturels modifiés tels que l'argile expansée, la laine de roche, la perlite et la vermiculite ont des coefficients de porosité intéressants, de même que certains produits de synthèse comme le polystyrène expansé ou la mousse de polyuréthanne.

Le pépiniériste, qui effectue d'importantes commandes de ces supports de culture, doit en vérifier les spécifications techniques et demander des mesures de granulométrie.

Usuellement, le mélange final compte une proportion d'au moins 20 à 30 % d'un milieu à forte porosité. Les formulations, présentées dans le tableau 14, indiquent la diversité des choix qui peuvent être faits en fonction des disponibilités locales.

Capacité de rétention

La capacité de rétention considérée dans cet ouvrage est celle exprimée en % de poids (annexe VI). Une valeur de 15 % est jugée minimale. Un bon substrat doit se situer entre 25 % et 30 %. Les irrigations seront ajustées en fonction de cette capacité de rétention du substrat.

Schématiquement, un support de culture bien dosé doit comporter 15 % à 25 % d'air et 25 % à 30 % d'eau pour 50 % à 60 % de particules solides. Un sac de 5 l, rempli de ce support, devra être réhumecté avec des arrosages de 1,25 l à 1,5 l d'eau. En fait, le déclenchement de l'irrigation interviendra lorsque la réserve facilement utilisable - RFU - arrivera à épuisement. La RFU représente environ les 2/3 de la capacité de rétention.

Stabilité physique du substrat

Les cycles de dessiccation/humectation ne doivent pas dégrader le support de culture :

– un excès de tourbe blonde, par exemple, peut entraîner des accidents De non réhumectation en cas de sécheresse temporaire (dessiccation irréversible). Mustin

(1987) indique que le premier rétrécissement au séchage doit être inférieur à 30 % du volume total et que le rétrécissement final après une dernière réhumectation doit être inférieur à 20 % ;

– au cours du processus d'humification, le support peut se dégrader avec augmentation de la proportion d'éléments fins, ces derniers migrant alors au fond du sac et occasionnant d'abord de l'asphyxie, puis des pourritures de racines.

La stabilité physique du milieu est à prendre en compte surtout dans le cas de cultures hors sol de longue durée : conservatoires ou blocs d'amplifications. Des contrôles périodiques sont à effectuer (prélèvements d'échantillons avec des mini-tarières) pour intervenir à temps par des améliorations ponctuelles ou des rempotages.

Tableau 14. Exemples de formulations, selon le porte-greffe utilisé, pour obtenir 1 m³ de substrat de culture. Les plants sont alimentés par fertigation en cours de culture.

Formulation A		Formulation B		Formulation C	
Pépinière fruitière utilisant les citranges Carrizo et Troyer comme porte-greffes		Pépinière fruitière utilisant le bigaradier		Pépinière ornementale utilisant des *Citrus volkameriana* et des boutures de citronniers	
Milieu de base		**Milieu de base**		**Milieu de base**	
écorce du pin compostée	600 l	terreau de chêne liège	500 l	tourbe blonde	400 l
sable grossier	290 l	terre franche	200 l	fibre de coco	200 l
tourbe brune	100 l	sable grossier	150 l	tourbe brune	200 l
		tourbe blonde	93 l	zéolite	200 l
Amendements		**Amendements**		**Sans amendements**	
calcaire broyé	5 l	fumier décomposé	50 l		
chaux éteinte	1 l				
dolomie	2 l				
superphosphate	1 l				
Oligoéléments		**Oligoéléments**		**Oligoéléments**	
sulfate de fer	150 g	non incorporés		doses non communiquées	
sulfate de cuivre	83 g				
sulfate de zinc	34 g				
sulfate de manganèse	37 g				
mobylate d'ammonium	0,3 g				
acide borique	75 g				
Caractéristiques du substrat		**Caractéristiques du substrat**		**Caractéristiques du substrat**	
porosité *	23 %	porosité *	17 %	porosité *	32 %
capacité de rétention **	30 %	capacité de rétention **	38 %	capacité de rétention **	18 %
Végétation excellente		**Végétation satisfaisante**		**Végétation moyenne**	

* exprimée en % de volume
** exprimée en % de poids

Qualités biologiques

Les informations présentées dans l'annexe VII montrent que des économies substantielles d'engrais chimiques peuvent être réalisées avec des supports de culture correctement mycorhizés. La croissance des plantes est plus rapide et le développement des lots de porte-greffes ou de jeunes semis plus homogènes. Cette caractéristique du substrat de culture ne doit donc pas être négligée.

L'économie d'engrais chimique contribue aussi à limiter la pollution des nappes. Toutefois, il est important que le substrat ne soit pas contaminé par des organismes nuisibles tels que nématodes, *Phytophtora* sp. ou *Pythium* sp.

Qualités chimiques

La production hors sol de plants d'agrumes suppose une conduite du cycle de culture dans un volume restreint de support d'enracinement. Les éléments nutritifs doivent donc être présents sous forme rapidement utilisable et en quantités répondant aux besoins immédiats, mais sans excès. La politique de fertilisation doit permettre de compléter les quantités d'éléments déjà disponibles dans le substrat et qui sont progressivement libérés au cours de l'humification et des échanges du complexe absorbant. Il est d'ailleurs conseillé de pré-enrichir le substrat (tableau 14, milieu a). La fumure d'entretien pourra alors être apportée sous forme solide et/ou liquide (irrigation fertilisante). Lorsque le substrat contient des éléments argileux, la capacité d'échange cationique sera ajustée par la fertilisation pour permettre les échanges progressifs des ions en réserve dans le complexe argilo-humique.

Deux paramètres chimiques nécessitent un suivi particulier : le pH et la conductivité électrique du substrat.

pH du substrat

Le pH du substrat doit être adapté aux exigences du porte-greffe mis en culture. En général, un pH voisin de la neutralité ou légèrement acide convient. Les pH trop acides – inférieurs à 5,5 – ou trop alcalins – supérieurs à 7,8 – sont à éviter. Les sols à pH acides peuvent être neutralisés par apport de chaux et de dolomie, alors que les supports à pH trop alcalins peuvent être lessivés par des eaux de pluies et acidifiés par des engrais du type sulfate d'ammoniaque. Les précautions à prendre pour mesurer le pH sont présentées dans l'annexe VIII.

Conductivité électrique du substrat

La mesure de la conductivité permet d'évaluer le niveau de salinité du substrat. Il est conseillé de la suivre chaque semaine, lorsque l'eau d'irrigation est déjà chargée au départ (conductivité de 100 ms/m ou plus).

Les agrumes sont, en général, sensibles aux excès de chlore, de bore, de calcaire (tableau 5) et aussi à certains métaux lourds qui peuvent être présents dans divers composts ou boues de décantation. L'excès de salinité du substrat, dû aux différents ions, provoque des toxicités dans la plante.

Une salinité excessive peut avoir aussi pour origine un excès de fertilisation et un taux de lessivage insuffisant. Quelques recommandations figurent dans l'annexe VIII pour effectuer la mesure de la conductivité électrique.

Le contrôle de la conductivité du substrat en cours de cycle est donc essentiel pour ajuster correctement les fertilisations et les irrigations. Il est admis que, pour les agrumes, la conductivité de substrat ne doit pas dépasser 200 ms/m.

Plus la capacité de rétention pour l'eau d'un substrat est élevée, plus le seuil de sensibilité à l'excès de salinité (conductivité) et à la toxicité des ions est élevé.

À titre d'exemple, le seuil de conductivité électrique toléré pour le Rough Lemon est de 35 ms/m, lorsque la capacité de rétention est de 20 % et 130 ms/m lorsqu'elle atteint 50 % (Lee et Roxburgh, 1993).

Le chlore et le bore provoquent des intoxications, mais d'autres ions fournis par la fertilisation le font aussi, lorsqu'ils sont mal dosés. Si le rapport azote nitrique/azote ammoniacal est inférieur à 4, les risques de toxicité ammoniacale sont importants, le rapport potassium/magnésium (K/Mg) doit être supérieur à 2,5-3,0. Pour un substrat dont la capacité de rétention en eau est voisine de 30 % de la matière sèche, les concentrations en potassium ne doivent pas dépasser 600 ppm et celles en phosphore 300 ppm. Les risques de toxicité au chlore seront importants au-delà de 600 à 800 ppm.

Contrôle de la qualité de l'eau et des irrigations

En fonction de son origine, l'eau peut contenir un taux d'éléments minéraux élevé (nappe phréatique au contact de couches de roches riches en potassium, calcaire, chlorures, fer, manganèse, bore ou nappe à proximité d'eaux salées).

La composition de l'eau d'irrigation peut, bien entendu, être modifiée dans le cas de la pratique de la fertirrigation. Elle doit être contrôlée car elle peut varier, pour une même origine, avec les conditions climatiques et particulièrement avec la pluviométrie. La conductivité est le premier facteur indicatif de sa charge en éléments minéraux ; pour les identifier, une analyse chimique complète est nécessaire. Au-delà de 80 à 100 ms/m (soit 560 à 700 mg/l d'éléments minéraux totaux), les risques d'excès de salinité sont élevés. Un pH alcalin indique une forte probabilité de richesse en calcium principalement. Il conviendra alors d'acidifier l'eau par adjonction d'acide nitrique.

Les agrumes sont sensibles aux excès de salinité dus au chlore (seuil voisin de 100 ppm), de sodium (seuil voisin de 70 mg/l) et au bore (une dose maximale de 2 ppm est tolérable et elle peut tomber parfois à 1,5 en fonction des variétés de porte-greffes d'agrumes).

Dans l'ensemble, un excès de salinité se traduira par des ralentissements de croissance et un effet dépressif sur la croissance, avant même que des symptômes de toxicités ne soient observés. Cet excès induit un dérèglement de l'absorption de l'eau et de l'évapotranspiration. La photosynthèse est réduite. Les ions s'accumulent dans les tissus végétaux et le substrat. La sensibilité varie avec les espèces de porte-greffe (tableau 5).

Les agrumes sont des plantes ayant des besoins importants en calcium : c'est l'élément minéral le plus abondant dans un plant d'agrumes (tableau 12). Indépendamment des problèmes que la présence de calcaire peut poser en fonction du mode d'irrigation, la teneur en calcium de l'eau constitue une des sources de cet élément pour la plante. Les engrais complexes classiques en contiennent habituellement peu.

Si l'irrigation au goutte-à-goutte est pratiquée, des excès de carbonates de calcium et de fer passant aisément à l'état ferrique peuvent provoquer des encroûtements ou des bouchages de certains types de goutteurs. Ils sont difficiles à contrôler, tout particulièrement avec le fer, lorsque cet élément dépasse un niveau de 0,8 ppm. L'addition d'acide nitrique, source d'azote pour la plante, permet de réduire les risques. La présence de matière organique favorise également l'obstruction ; l'utilisation de filtres est donc, dans ce cas, indispensable.

Quantités d'eau nécessaires

L'apport d'eau doit compenser les pertes par évapotranspiration de la plante, par évaporation du substrat et par drainage, de façon telle que la plante ne subisse pas de stress hydrique et que la dose suffise à assurer un léger drainage.

Les stress hydriques provoquent des retards de croissance, parfois la chute des feuilles et, s'ils sont prolongés, l'initiation d'une floraison après la reprise de l'irrigation, laquelle n'est pas souhaitée pour des élevages en pépinière fruitière avant transfert au champ.

La sélection du substrat doit permettre d'éviter les risques d'asphyxie par excès d'eau auxquels les agrumes sont très sensibles. C'est pourquoi, pour éviter les pourritures de racines, les eaux de drainage ne doivent pas stagner au niveau des pots.

Les doses à appliquer et le rythme des apports sont fonction du volume du conteneur, des conditions climatiques, du stade de développement de l'agrume et aussi de la qualité du substrat. Il n'est donc pas possible de donner de doses précises. Le support ne doit pas rester imbibé trop longtemps ; environ une heure après la fin de l'irrigation, il ne doit pas y avoir de fort écoulement d'eau lorsqu'une poignée de substrat est serrée à la main. Les apports doivent être tels que, à la fin du tour d'eau, le substrat se trouve à la limite du drainage.

Un pilotage plus précis peut être obtenu avec l'utilisation de tensiomètres placés dans le substrat à condition de répéter les mesures aux différentes périodes climatiques.

L'apport d'eau peut être pratiqué par :
– arrosage manuel, mais alors les doses sont peu ou pas contrôlées,
– aspersion ; le réglage des asperseurs, leur disposition au-dessus des planches de culture est alors critique : l'hétérogénéité de distribution peut être très importante (du déficit presque intégral à l'excès sur une même planche),
– micro-jets,
– goutte-à-goutte distribué au microtube.

La fertilisation

Les doses à appliquer doivent tenir compte de la richesse du substrat, de la charge en ions de l'eau utilisée pour l'irrigation, de l'âge des plants. Les équilibres entre les éléments et les doses sont définis par la mesure de leur contenu dans les plants à différents âges (tableau 12).

Il faut éviter une salinisation des supports qui aura des effets négatifs sur la plante. Cette salinisation est due à :
– une fertilisation inadaptée aux besoins de la plante, ne tenant pas compte, entre autres, de la qualité de l'eau d'irrigation ;
– un lessivage insuffisant des ions en excès ;
– une irrigation mal adaptée.

Pour contrôler cette salinisation, des mesures régulières de conductivité du substrat sont nécessaires. En cas d'excès de conductivité, des apports d'eau pure, plus abondants que la normale, sont pratiqués pour lessiver les accumulations d'ions.

Différents modes et fréquence d'apports peuvent être pratiqués : fertilisation intégrée à l'irrigation (fertirrigation), utilisation d'engrais à libération lente ou parfois de formulations entièrement organiques intégrées au substrat et complétées par des fumures de fond. Toutefois, en culture intensive, la fertilisation minérale est pratiquement la seule appliquée.

La fertirrigation

La fertirrigation est de plus en plus pratiquée, mais elle nécessite une excellente maîtrise technique. Deux réservoirs au moins sont nécessaires pour répartir, aux concentrations requises, les différents fertilisants mis en solution. Ces solutions concentrées sont injectées avec des pompes doseuses, en continu à un débit déterminé, dans le flux d'eau d'irrigation, lequel doit être connu. La concentration en éléments minéraux de la solution d'arrosage pourra ainsi être dosée en fonction du volume d'eau fourni à la plante.

Quels engrais utiliser ? Dans le commerce, des formules solubles ou en solutions concentrées multi-éléments sont proposées. Elles contiennent très généralement de l'azote (N), du phosphore (P), du potassium (K), parfois du magnésium (Mg) et/ou des oligoéléments, à l'exception du fer. Le calcium est en général absent. Cependant, il est rare que les équilibres répondent aux besoins des agrumes. Outre les besoins importants en calcium, ceux en azote sont supérieurs à ceux de potassium ; les immobilisations en phosphore et magnésium sont voisines et représentent près de 10 % de la quantité d'azote. Le soufre est indispensable et doit toujours être présent dans la formulation.

Parmi les oligoéléments, le fer est le plus abondant dans la plante ; mais un excès peut freiner l'absorption du manganèse dont la déficience est assez fréquemment constatée. Les besoins en zinc sont légèrement inférieurs à ceux en manganèse ; ceux en cuivre sont très faibles, ceux en molybdène, nécessaires pour permettre l'assimilation des nitrates par la plante. Les quantités de bore sont relativement élevées dans la plante, mais elles sont fortement influencées par le type de porte-greffe utilisé. Il faut tenir compte aussi de la sensibilité à la toxicité pour cet élément. Les agrumes semblent absorber aisément le bore disponible et, dans les solutions, des concentrations très faibles sont suffisantes (ne dépassant pas 1 à 1,5 mg/l).

Un apport de calcium est toujours nécessaire : le dosage de cet élément doit être ajusté en fonction de la teneur pouvant déjà exister dans l'eau d'irrigation. Le nitrate de calcium, très soluble, doit être utilisé, mais, s'il est ajouté aux autres sels, des précipités se produisent dans la solution concentrée. Une solution concentrée ne contenant que ce sel doit être préparée dans un réservoir à part. Elle sera injectée avec une pompe doseuse spécifique.

Un second réservoir contient la solution concentrée de tous les autres éléments qui sont injectés dans l'eau d'irrigation par une seconde pompe doseuse. Dans cette dernière solution concentrée, un engrais complet est en général ajouté en le rééquilibrant, si nécessaire, en fonction des besoins, avec des sels simples : phosphate d'ammonium (phosphore et azote ammoniacal), sel soluble de magnésium, chélate de fer, sulfate de manganèse, sulfate de zinc (ou chélates de zinc et de manganèse en solutions commerciales). Dans les calculs pour des besoins en azote, il faut bien entendu tenir compte de la quantité d'azote nitrique apportée avec le nitrate de calcium et éventuellement par l'eau.

Finalement, dans la solution d'irrigation reçue par des agrumes cultivés sur des substrats constitués de tourbe et de matériel inerte, l'équilibre entre les éléments doit être ajusté sur les concentrations suivantes de la solution d'irrigation :

Éléments	mg/l	Éléments	mg/l
N	150	CaO	150
P_2O_5	60	Mn	2,2
K_2O	105	Zn	1,5
MgO	65	Fe	9,0

En période de pleine croissance de plants d'environ un an, les quantités de solution à fournir sont de l'ordre de 150 à 200 ml/j. Les apports peuvent être pratiqués par goutte-à-goutte ou par aspersion. Il conviendra d'appliquer périodiquement des arrosages d'eau pure, en fonction du niveau de conductivité électrique mesurée dans le substrat, afin de lessiver les ions en excès.

Le calcium et le magnésium peuvent être ajoutés en fumure de fond au lieu d'être intégrés dans la solution, principalement si le substrat est trop acide ; mais la mise à disposition de ces éléments pour la plante est beaucoup plus lente et les premiers besoins ne sont pas toujours satisfaits. En outre, il est difficile d'obtenir un mélange homogène, principalement quand des volumes importants de substrat sont nécessaires.

Apport d'engrais à libération progressive

Sur le marché, des formulations variables d'engrais à libération progressive sont proposées. Leur composition n'est généralement pas adaptée aux besoins des agrumes. La durée de libération des éléments, de 3 à 6 mois en climat tempéré, est plus rapide en conditions tropicales. Il est nécessaire de compléter ces formulations par des apports soit en fertirrigation, soit en fumure de fond intégrée au substrat, pour le calcium notamment.

L'apport en fertilisation classique d'engrais solides, complets ou simples, à différentes fréquences, offre peu d'intérêt dans un type de culture hors sol intensif. Il est fréquent, en effet, de constater en serre des brûlures de feuilles et de tigelles par volatilisation d'ammoniaque notamment.

Bibliographie

Bunt A.C., 1988. *Media and mixes for container grown plants*. London, UK, Unwin Hymen, 160 p.

Chang D.C., 1984. Effects of three *Glomus* endomycorrhizal fungi on the growth of citrus rootstocks. *In : Proceedings of Int. Soc. of Citriculture*, Brésil, São Paulo. p. 173-176.

Esselen E., Hough A., 1983. Germination of citrus seeds for optimum seedling uniformity. *In : Proceedings I Intern. Soc. of Citrus Nurserymen Conference*, Valence, Spain, December 1983. Valence, Espagne, Avasa-Ivia, p. 261-262.

Inserra R.N., Nemec S., Logiudice V., 1980. A survey of endomycorrhizal fungi in Italian citrus nurseries. *Riv. Ortoflorofrutt* It. 64 : 83-86.

Koch I C. E, Johnson C.R., 1984. Photosynthate partitioning in split-root citrus seedlings with mycorrhizal and nommycorrhizai root systems. Plant. Physiol. 75 : 20-30.

Kuate J., 1997. A review on the citrus leaf and fruit spot disease caused by *Phaeoramularia angolensis*. *In :* Proceedings of the V ISCN Congress, Montpellier, France, March 1997. Cirad-Flhor ed.

Lee T.C., Roxburgh K., 1993. Guidelines for the production of container-grown citrus nursery trees in Southern Africa. Port Elizabeth, South Africa, Citrus improvement programme ed., 53 p.

Mustin M., 1987. Le compost. Gestion de la matière organique. Paris, France, Dubusc ed., 954 p.

Nemec S., 1978. Response of six citrus rootstocks to three species of *Glomus,* a mycorrizal fungus. *Proc. Fla. State Hort. Soc.* 91 : 10-14.

Nemec S., Meredith F.I., 1981. Amino acid content of leaves in mycorrhizal and non mycorrhizal citrus rootstocks. *Ann. Bol.* 47 : 351-358.

Newcomb D.A., 1975. Mycorrhiza effects following soil fumigation Int. Plant. Propag. Soc. 25 : 102-104.

Rey J.-Y., 1997. L'agrumiculture dans la production agrumicole d'Afrique de l'Ouest et du Centre. *In :* Proceedings of the V ISCN Congress, Montpellier, France, March 1997. Cirad-Flhor ed.

Smith J.E., Lea-Cox J.D., 1993. The physical properties of growing média in South African citrus nurseries and the performance of three rootstocks in bark media with different physical properties. *In :* Proceedings of IV ISCN Congress, Johanesbourg, South Africa, June 1993. Stellenbosch, South Africa, E. Rabe ed., p. 164-177.

Tolley I.S., 1981. Technical problems of citrus nursery propagation. *In :* Citrus nursery propagation course, California, Florida, USA, May 1981, 10 p.

Annexe VI - Calcul de la porosité et de la capacité de rétention

Porosité

La méthode s'inspire de celle décrite par Bunt (1988). Elle consiste à utiliser des flacons cylindriques (environ 15 cm de haut et 7,5 cm de diamètre) dont l'une des sections est équipée d'un tamis qui retient les particules de sol et l'autre est terminée par un bouchon vissé.

Les flacons sont remplis à ras bord du substrat à tester, puis placés dans un bassin à fond plat, l'extrémité avec tamis étant dirigée vers le bas. Le bassin est alors rempli d'eau très lentement jusqu'à atteindre le niveau supérieur des flacons dont les bouchons avaient été préalablement enlevés. Le niveau d'eau doit juste affleurer le bord supérieur du flacon. Le substrat s'équilibre avec l'eau en saturation pendant 24 heures, puis les bouchons sont vissés, sans compresser le milieu, et les flacons sont retirés délicatement et placés dans un bêcher. Les bouchons sont alors dévissés et l'eau qui percole au travers du filtre (percolat d'une heure environ) est récupérée.

Soit V le volume du flacon et E_p la quantité d'eau percolée, la porosité P du substrat (exprimée en % de volume) sera égale à :

$$P = \frac{E_p \times 100}{V}$$

Capacité de rétention

Le substrat ressuyé est ensuite pesé frais, puis desséché dans une étuve à 100 °C jusqu'à poids constant. La capacité de rétention en eau C_r (% de masse sèche) est donnée par la formule :

$$C_r = \frac{(P_1 - P_2) \times 100}{P_2}$$

où P_1 est le poids du substrat frais après ressuyage et P_2 le poids desséché du substrat.

Une autre façon d'évaluer la capacité de rétention est de l'exprimer en % de volume d'eau absorbée par un volume unitaire de substrat desséché. Dans ce système d'évaluation, les pourcentages sont plus élevés (de 300 à 600 %). Nous conseillons de retenir plutôt la technique de mesure de la capacité de rétention exprimée en % de masse sèche, car elle peut être évaluée par le pépiniériste lui-même sans faire intervenir la notion de volume spécifique.

Annexe VII - Effets bénéfiques des mycorhizes sur le développement des agrumes de pépinière

Les endomycorhizes vésiculaires et arbusculaires connues sous le terme de VAM (*vesicular and arbuscular mycorrhizae*) sont des organismes de type symbiotique appartenant aux champignons des genres *Glomus, Gigaspora* ou *Sclerocystis*. Ils sont répandus dans la nature sur les terreaux ou dans les sables de rivière et les terres franches. En conséquence, l'ensemencement mycorhizien est souvent automatique lorsque la pépinière est conduite en pleine terre ou en conteneur à l'air libre sur substrat naturel. On peut noter cependant une plus ou moins grande richesse de souches mycorhiziennes d'une région agrumicole à l'autre (Inserra *et al.*, 1980).

Sur agrumes, l'importance des mycorhizes est apparue lorsque certains pépiniéristes ont utilisé des substrats d'enracinement désinfectés à la vapeur ou au bromure de méthyle pour lutter contre les nématodes (notamment *Radopholus citrophilus*, responsable du « *spreading decline* » en Floride, ou d'autres espèces comme *Tylenchulus semipenetrans*), ce traitement éliminant aussi les mycorhizes.

Par la suite, l'utilisation de substrats artificiels dans les techniques « hors sol » a attiré également l'attention des pépiniéristes sur les éventuels retards de croissance en l'absence d'ensemencement mycorhizien. En effet, toutes autres conditions de culture étant égales, la présence ou l'absence de mycorhizes peut se traduire par des différences de développement allant de 150 à 200 %. Toutefois une telle différence n'est enregistrée que sur des substrats chimiquement pauvres, notamment en phosphore (Nemec, 1978). Par ailleurs, divers porte-greffes, comme le bigaradier, le mandarinier Cléopâtre et, dans une certaine mesure, le Rough Lemon, réagissent plus à l'action des mycorhizes que les citranges (Newcomb, 1975 ; Nemec, 1978). Néanmoins des essais conduits en Corse ont montré sur de jeunes semis de citranges Carrizo des différences significatives de croissance selon qu'il y avait, ou non, ensemencement par une souche de *Glomus* de Bourgogne (Vannière, communication personnelle)

Parmi les espèces mycorhiziennes considérées comme les plus performantes figurent *Glomus mosseae* et *Glomus fasciculatum* (Nemec, 1978 ; Chang, 1984).

L'expérience a montré que l'incorporation de 10 à 15 % de substrat naturellement mycorhizé (terreau, litière forestière, sable de rivière, etc.) peut être suffisante pour assurer un ensemencement efficace du mélange d'enracinement. Il est préférable, à titre de prévention sanitaire, de rechercher cette fraction mycorhizée en dehors des zones agrumicoles (terreaux de chêne-liège, d'arganier, de cacaoyer, etc.).

Dans le cas d'une production intensive de plants d'agrumes sur substrat artificiel, il peut être intéressant de recourir à des cultures mycorhiziennes conduites sur pailles ou racines de plantes-hôtes (oignons, céréales) comme en proposent désormais certaines firmes commerciales.

En dehors de l'effet d'amélioration sur l'absorption des éléments minéraux, les endomycorhizes sont susceptibles d'atténuer les attaques de certains champignons ou nématodes inféodés aux racines d'agrumes et de stimuler, dans la plante, le métabolisme de certains aminoacides (Nemec et Meredith, 1981) ou d'hydrates de carbone (Koch et Johnson, 1984).

Dans la pratique le pépiniériste aura intérêt à valider le choix de ses mélanges d'enracinement en effectuant des tests comparatifs très simples de comportement des semis de porte-greffes. Il pourra, par exemple, combiner deux ou trois doses de fertilisation (faible, moyenne, forte) sur substrat stérilisé à la vapeur, puis mycorhizé ou non.

L'emploi des endomycorhizes peut aboutir à des économies substantielles d'engrais chimiques et constitue en facteur incontournable dans la production intensive de plants d'agrumes.

Annexe VIII - Mesure du pH et de la conductivité d'un substrat.

L'utilisation du pH-mètre et du conductimètre de poche est pratique. Ces appareils sont peu coûteux et certains modèles donnent des résultats très fiables. Pour effectuer la mesure, un poids A de substrat est ajouté dans 5 fois son volume d'eau distillée, agité pendant 2 heures, laissé à reposer 20 heures, puis agité de nouveau durant 2 heures Les mesures de pH et de conductivité peuvent alors être effectuées.

Entretien

A - pH-mètre

Hors utilisation, l'électrode doit toujours baigner dans le liquide fourni avec l'appareil. Du liquide de rechange peut être obtenu dans le commerce. L'appareil doit rester vertical pour éviter de renverser ce liquide. La notice d'utilisation des appareils précise les techniques pour son entretien. Il faut soigneusement rincer l'électrode avec de l'eau, distillée dans la mesure du possible, pour éliminer les très fines particules de sol adhérentes.

B - Conductimètre

Conserver l'électrode dans de l'eau distillée. Suivre les instructions de la notice d'utilisation de l'appareil. Un exemple de conductimètre de poche à bon rapport qualité/prix est celui de la marque Horiba modèle B-112.

Expression des mesures de conductivité

L'unité internationale est le millisiemens par mètre (mS/m). Cependant les résultats sont parfois exprimés en microsiemens par cm (µS/cm) :

1 µs/cm = 0,1 ms/m ou 1 000 µs/cm = 100 ms/m.

Dans certaines publications de la FAO, les unités sont données en décisiemens par mètre (dS/m) :

1 dS/m = 100 ms/m.

À noter que le terme de « mho » est synonyme de siemens.

Norme de conductivité admissible

Pour un substrat donné, cette norme varie avec la valeur de sa capacité de rétention. Ainsi en Afrique du Sud, Lee et Roxburgh (1993) proposent, pour le Rough Lemon, les seuils de conductivité suivants :

Capacité de rétention en % de poids	Conductivité maximale admissible mS/m
10	45
20	55
30	70
40	90
50	125
60	160

Pour les terreaux, les équivalences admissibles sont les suivantes :

Capacité de rétention en % de volume	Conductivité maximale admissible mS/m
300	150
450	170
600	200

7

Plantation et conduite du verger

Choix et préparation du terrain à planter

Il est difficile de définir *a priori* les conditions idéales, requises pour l'implantation d'un verger d'agrumes. En effet, le choix du producteur est largement dominé par les titres fonciers qu'il possède ou qu'il s'apprête à acquérir, par le montant des investissements qu'il peut se permettre, par la proximité des marchés et par toute autre considération d'ordre technique ou socio-économique.

Un terrain plat convient mieux à la plantation d'un verger, ce qui n'exclut pas toutefois la possibilité de l'installer en pente, sur banquettes aménagées en courbes de niveau. Pour couvrir les besoins en irrigation, un accès à un point d'eau, aussi facile que possible, est souhaitable, mais des plans d'aménagement hydraulique peuvent y pourvoir. Des sols profonds, riches et drainant bien sont recommandés, mais certains travaux du sol, avec apports d'engrais et aménagement du drainage, peuvent y suppléer. En régions tropicales d'alizés ou de mousson, les planteurs d'agrumes qui mettent en valeur des zones basses prévoient souvent l'installation de systèmes de régulation de la nappe phréatique : digues de retenue, canaux d'évacuation, pompage de l'eau excédentaire.

En définitive, les vergers d'agrumes peuvent être installés aussi bien sur dépôts sableux que sur collines escarpées de nature argilo-limoneuse ou encore dans des régions inondables : flatwoods de Floride, zones de deltas rizicoles en Asie (planche VII, cliché a).

L'influence du climat est aussi prépondérante, puisque l'aire d'extension des agrumes dans le monde s'inscrit de part et d'autre de l'équateur et, majoritairement, dans les bandes subtropicales des deux hémisphères : la frange située entre les 30e et 40e degrés de latitude N et S correspond plutôt aux régions méditerranéennes, celle comprise entre les 20e et 30e degrés aux régions de climat subtropical et, enfin, la partie allant de l'équateur au 20e degré de latitude N et S, à celle des régions de climat tropical ou équatorial. À chacune de ces zones correspond une vocation agrumicole particulière.

Préparation du sol et aménagement du terrain

Analyses de sol

Des analyses du sol permettant d'étudier le terrain retenu pour l'installation du futur verger sont recommandées.

Pour évaluer les composantes physiques de l'horizon pédologique et sa structure, des observations doivent être effectuées à partir de fosses creusées à plus d'un mètre de profondeur. Ainsi, la nature du sol au-delà des 71 à 80 premiers centimètres pouvant être exploités par les racines d'agrumes sera explorée. Il faudra vérifier, en particulier, les qualités de drainage et l'homogénéité du terrain. Pour effectuer des analyses chimiques, plusieurs échantillons seront prélevés à différents niveaux, sur chaque parcelle (annexe IX) ; les résultats permettront de corriger les déficiences au moment de l'application des amendements et des fumures de fond, par exemple avant le labour de démoncement. Les niveaux de calcaire seront pris en compte pour ajuster le choix du porte-greffe. Bien que les agrumes arrivent à pousser aussi bien sur des sols acides qu'alcalins, un pH compris entre 6 et 6,5 est préférable. Le choix du porte-greffe devra être modulé en fonction de la nature physique et chimique du sol (voir chapitre sur « la production de porte-greffes »).

Nivellement

Sur terrain plat, des rectifications de niveaux peuvent être entreprises, à condition de ne pas entraîner des déplacements importants de terre de surface ni de bouleversement de structure.

Lorsque la parcelle est en pente, il est souvent nécessaire d'aménager des banquettes, en respectant les courbes de niveau. Dans ce cas, on prendra soin, au cours des travaux de terrassement, de replacer dans leur ordre initial les couches successives de sol.

La précision requise pour le nivellement est fonction du système d'irrigation qui sera retenu. En effet, l'irrigation à la rigole et à la cuvette, encore utilisée dans certaines régions méditerranéennes, exige un nivellement plus précis que les techniques récentes d'aspersion sous frondaison ou d'irrigation localisée.

Sous-solage

Les travaux de sous-solage permettent d'extraire, avant labour, les gros débris végétaux et les pierres. Ce travail, effectué avec des engins puissants, se justifie lorsque le sol repose sur un horizon graveleux et compact. Sa mise en œuvre sera décidée en fonction des observations effectuées dans la fosse pédologique. Dans le cas de parcelles moyennement pentues, il est préférable de sous-soler dans le sens de la pente pour faciliter le drainage dans les couches profondes. Cette pratique est surtout recommandée en climat tropical d'alizés à saison des pluies très marquée : pluies de mousson ou pluies cycloniques (Mademba-Sy et Delvaux, 1990). L'opération doit être réalisée sur sol bien ressuyé, en fin de saison sèche.

Fumure de fond

Si le pH du sol de la parcelle est inférieur à la valeur optimale de 6 à 6,5, il peut être corrigé par un apport de scories (environ 2 000 kg/ha) et surtout de calcaire broyé (environ 1 000 kg/ha), additionné ou non de magnésie et de dolomie si les résultats des analyses chimiques indiquent un faible niveau de magnésium. Les phosphates naturels ont également un effet alcalinisant.

Lorsque le pH est supérieur à la valeur optimale définie, l'amendement calcaire est supprimé et les scories sont remplacées par du superphosphate et des engrais azotés acidifiants, du type sulfate d'ammoniaque.

Labour de défoncement

Ce type de travail du sol permet d'enfouir et de mélanger, entre 0 et 70-80 cm de profondeur, la fumure de fond et la couche superficielle de terre souvent plus riche en matière organique (planche VII, cliché f). C'est dans ces limites (0-80 cm) que les agrumes développent l'essentiel de leur système d'enracinement.

Sur les parcelles en pente, le défoncement se fait généralement en diagonale. Ce sera surtout le cas en région méditerranéenne pour favoriser l'infiltration des eaux de pluie. Il s'agit d'une opération coûteuse qui se justifie dans le cas de sols superficiels reposant sur un horizon compact et plus ou moins caillouteux. Ce type de travail du sol donne également des résultats intéressants dans le cas de plantations effectuées sur les sols à horizon compact de climat tropical d'alizés (études effectuées en Martinique par Mademba-Sy *et al.*, 1992 et sur l'île de La Réunion), ainsi que sur les sols rouges méditerranéens. Dans ce cas également, l'opération doit se faire sur des parcelles parfaitement ressuyées, en fin de saison sèche.

Après le labour de défoncement, le passage d'un pulvériseur à disques crénelés permet d'émietter et d'ameublir finement le sol.

Désinfection du sol

Lors d'une réinstallation de verger sur un terrain ayant déjà porté des agrumes, il est généralement recommandé de compléter les travaux d'ameublissement par une désinfection du sol avant d'y placer les arbres. Le principal objectif de ce traitement est de contrôler le taux de nématodes dans le sol, notamment de ceux appartenant à l'espèce *Tylenchulus semipenetrans*. Des porte-greffes tolérants à ce ravageur, tel que *Poncirus trifoliata*, par exemple, peuvent être également retenus.

Les produits nématicides et insecticides les plus utilisés sont le phénamiphos, le dichloropropène, l'éthoprophos, etc. Des substances fongicides (dazomet) leur sont parfois ajoutées. Ces traitements sont appliqués par un appareil à coutres rigides, auxquels sont adaptés des conduits reliés à une cuve. La profondeur à laquelle le nématicide est injecté peut être ajustée. Ces produits, généralement assez toxiques, doivent être manipulés avec les précautions d'usage (masques, gants et habits spéciaux).

Après l'application, un passage de rouleau permettra de damer le sol. Il est préférable de traiter durant les mois frais et d'éviter les fortes chaleurs.

Au bout de 4 à 6 mois, la réalisation d'un test du cresson (p. 87) permet de déceler d'éventuels résidus phytotoxiques pour les jeunes arbres.

Dans certaines situations, la désinfection chimique du sol peut être remplacée ou complétée par la pratique de rotations culturales, en évitant notamment de replanter au même endroit les mêmes variétés de porte-greffes.

Aménagement des vergers en plaines côtières inondables

En plaines côtières inondables, l'aménagement d'un système de drainage est impératif, surtout s'il s'agit de régions exposées aux orages tropicaux ou aux pluies cycloniques.

Méthode floridienne

Un exemple classique de la méthode floridienne est fourni dans la région des «*flatwoods*», en Floride : Comtés de Hendry et Indian River.

Le terrain est profilé en «tôle ondulée». La couche superficielle du sol est poussée au grader sur des ados où seront installées les futures lignes d'arbres. Deux sommets d'ados sont séparés par 7,60 m (figure 33). Les arbres y sont placés à une distance de 4,80 m, ce qui donne une densité de 273 arbres/ha.

Un relevé topographique permet d'établir un plan de drainage et de calculer la taille des émissaires et des canaux. Les parcelles unitaires ainsi aménagées sont de plusieurs dizaines d'hectares. Cette technique a permis d'utiliser d'importantes surfaces antérieurement vouées à l'élevage extensif. Elle a été appliquée dans divers pays d'Amérique centrale et convient particulièrement bien aux zones sableuses ou sablo-limoneuses. Elle est généralement combinée avec l'installation d'un système d'irrigation par microjet.

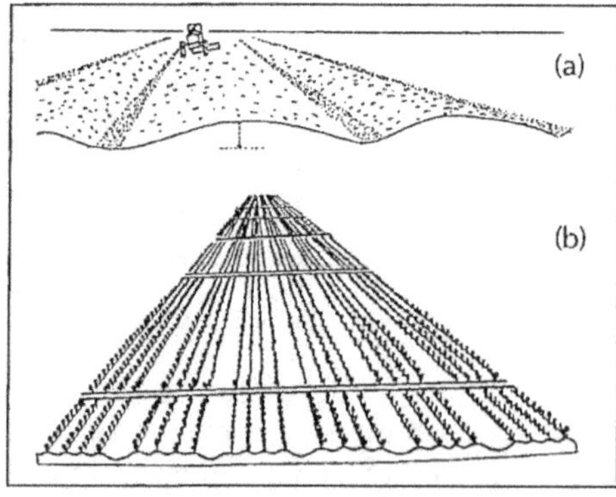

Figure 33. Aménagement d'un système de drainage selon la méthode floridienne ; a : profilage du sol en ados à l'aide d'une niveleuse, b : aménagement de la parcelle en regroupant 4 lignes d'arbres entrecoupées de fossés de drainage collecteur.

Méthode cantonaise en zones de delta rizicole (Asie)

En Asie du Sud-Est, les riziculteurs des provinces chinoises du Fujiang ou du Guangdong, ceux du delta du Mékong au Vietnam et certaines communautés rurales de Malaisie et d'Indonésie originaires de Chine pratiquent la reconversion de rizières inondées en vergers d'agrumes. La technique consiste à manipuler le sol de la rizière pour installer les jeunes arbres sur des buttes de 1 m à 1,20 m de haut. Le riz est cultivé comme culture intercalaire pendant les trois premières années de la vie du verger et le travail de terrassement se poursuit, selon le schéma présenté sur la figure 34.

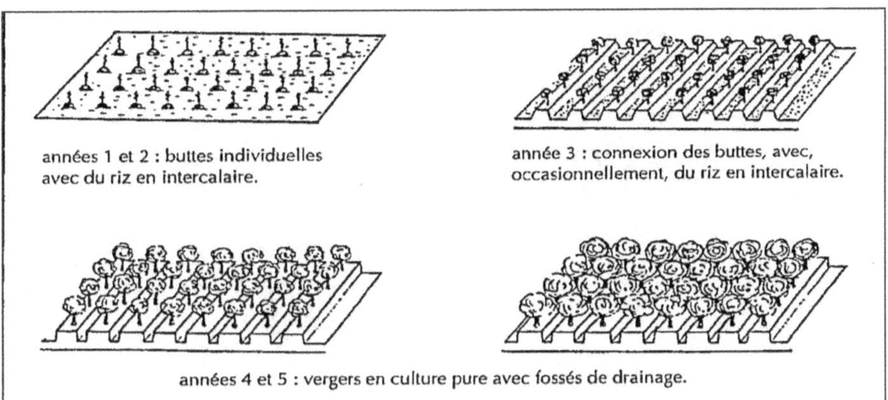

Figure 34. Plantation de vergers de mandariniers à ultra-haute densité selon la méthode cantonaise. Le travail du sol est entièrement effectué à la main. Il nécessite le déplacement de 500 t/ha de terre limoneuse de surface. Le travail est payé à la tâche. Un manœuvre peut déplacer 10 à 15 m³ par jour.

Il semble que la région de Shantou (Swatow) au nord-est de la province de Canton soit la zone d'origine de cette méthode très particulière d'installation des vergers d'agrumes en delta rizicole (Aubert, 1989). La variété la plus cultivée est le mandarinier Tankan greffé sur Sunki. Les densités de plantation sont très élevées (1 300 pieds/ha) et les rendements atteignent 45 t/ha dès la 4ᵉ année de plantation pour culminer à 60 t/ha en 5ᵉ année et, rapidement, décliner ensuite en raison d'un manque de lumière. Ni taille de rabattage ni éclaircissage n'étant pratiqués, le verger est arraché et renouvelé avant sa 10ᵉ année.

Cette technique, très lourde en main-d'œuvre, mais utilisée à assez grande échelle (environ 80 000 ha en Chine, 25 000 ha au Vietnam et 10 000 à 15 000 ha en Indonésie), se pratique pour certaines raisons :
– proximité des marchés de consommation, car il s'agit de zones très peuplées ;
– possibilité de déclencher des floraisons en abaissant momentanément le niveau de la nappe phréatique, ce qui aboutit à une production de contre-saison. Cette méthode ne peut toutefois s'appliquer qu'en zone sans hiver à des latitudes inférieures à 15° N ou S ;
– utilisation par la plante, dans ces conditions de culture, d'un système d'enracinement traçant, ne dépassant guère 40 cm. Le porte-greffe est généralement un mandarinier local.

Méthode thaïlandaise des Klongs

Une autre façon d'aménager le verger consiste à établir 1 à 2 rangées d'arbres sur des banquettes de terre séparées par des canaux. Ces derniers ont environ 3 m de large.

L'ensemble de la surface est aménagé en zone de polders, avec un réseau de canaux d'alimentation, équipés d'écluses pour contrôler le niveau de l'eau (figure 35). En jouant sur le niveau de la nappe, il est aussi possible d'induire ici des floraisons de contre-saison. Le système est couramment employé en Thaïlande, à Pratimanthàn, et, quelquefois aussi, dans le delta du Mékong : il s'applique aux vergers d'agrumes et aussi à d'autres espèces fruitières.

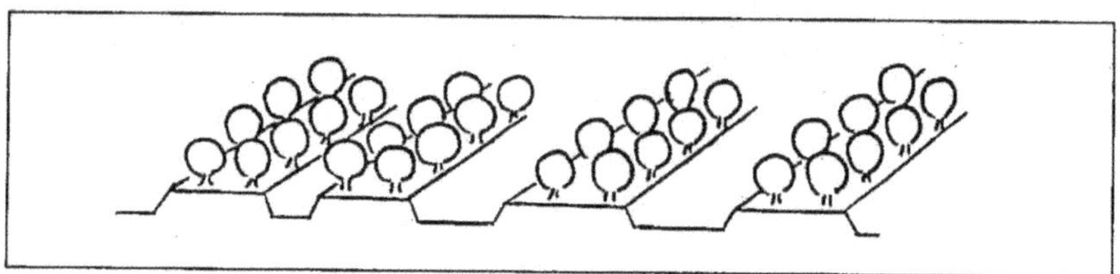

Figure 35. Plantation d'agrumes selon le système thaïlandais des Klongs. Les doubles rangées d'arbres sont séparées par des canaux accessibles en barques.

Brise-vent

Bien que présentant une assez bonne résistance aux vents (même aux vents d'origine cyclonique), les agrumes doivent néanmoins être protégés par des lignes de brise-vent. Il y a plusieurs raisons à cela :

– en zones arides, le brise-vent permet de faire des économies d'eau en réduisant l'effet d'advection,

– les fruits qui frottent contre les branches présentent des scarifications de la peau qui réduisent leur valeur marchande,

– les haies de brise-vent constituent des barrières physiques susceptibles de ralentir la pénétration de certains ravageurs, notamment des cochenilles, acariens et psylles.

Les lignes de brise-vent doivent faire face aux vents dominants et, selon l'intensité de ceux-ci, elles délimitent des parcelles de 2 ha à 5 ha. Les arbres brise-vent sont placés à au moins 8 m du premier rang des agrumes pour éviter une trop grande concurrence (pour mémoire, celle-ci peut parfois s'exercer à près de 20 m de distance). Les cyprès (*Cupressus arizonica* et *C. pyramidalis*) sont de moins en moins utilisés. Ils croissent trop lentement et sont sensibles à diverses maladies. Ils peuvent être avantageusement remplacés par les *Casuarina*, comme *Casuarina cumminghamia* et *C. Tennissima*. L'espèce *Casuarina equisetifolia* est à éviter au nord de la Méditerranée, car elle est trop sensible au froid. En général, les *Casuarina* sont plantés à 1,5 m sur le rang, en ligne simple. Il vaut mieux les irriguer et les fertiliser régulièrement. À partir de la 5e année, l'extension de leurs racines peut être contrôlée par un passage de sous-soleuse à 2 m du rang. Des espèces résistantes à la sécheresse comme *Acacia auriculiformis* sont conseillées pour les régions tropicales à longue saison sèche.

Pour mieux protéger les jeunes parcelles installées en régions arides et ventées, le dispositif peut être complété en semant, entre les lignes d'arbres, une plante annuelle comme le sorgho. Des protections individuelles autour de chaque arbre peuvent aussi être installées (bâches de polyéthylène fixées par des piquets) (planche VII, cliché b).

En situations tropicales plus humides, les espèces de brise-vent à recommander sont le *Leucaena,* particulièrement *L. glauca,* ou l'érythrine : *Erythrina fusca.* La première se sème sur le rang de brise-vent et la seconde se bouture.

Afin de décourager les vols au moment des récoltes, il est utile de prévoir, dans le bas du brise-vent, un « bourrage » par des espèces épineuses comme le bougainvillier.

Dans certains pays, il est d'usage de planter en brise-vent des porte-greffes d'agrumes : citranges, **Poncirus.** Cette habitude est à proscrire dans les zones hébergeant certaines maladies comme le chancre citrique ou le huanglungbin-greening. Pour limiter la contamination par cette dernière maladie, il faut éviter aussi l'utilisation de *Murraya paniculata* ou de *Clausena anisum olens,* car ces espèces sont des hôtes du vecteur oriental *Diaphorina citri.* En Afrique, il faut aussi éliminer la présence de *Clausena anisata* à proximité des vergers, car cette plante héberge d'abondantes populations du psylle africain, *Trioza erytreae.*

Orientation des lignes de plantation

Dans les régions subtropicales comprises entre 30° et 40° de latitude N et S, le soleil est bas sur l'horizon en période hivernale (côté sud pour l'hémisphère nord, et côté nord pour l'hémisphère sud). En conséquence, l'interception de l'énergie lumineuse par le couvert végétal du verger sera meilleure si les lignes d'arbres sont orientées du nord au sud (meilleurs rendements et meilleure qualité). Dans les régions plus équatoriales comprises dans la bande intertropicale des 23e degré de latitude N et S, l'orientation des lignes d'arbres revêt beaucoup moins d'importance (Rabe, 1993).

Choix de l'emplacement du verger

Le choix de l'emplacement est lié à la disponibilité du foncier. Mais, dans la mesure du possible, il vaut mieux retenir un emplacement isolé et bien clôturé (brise-vent + clôtures de fils barbelés et d'épineux). En effet, la proximité de zones habitées entraîne quelquefois des vols de jeunes plants et plus tard de fruits. Par ailleurs, dans les pays atteints par le chancre citrique ou le huanglungbin-greening, la proximité de zones d'habitat, avec de nombreux arbres de « cour » non traités, expose le verger aux recontaminations précoces par ces maladies. Dans ce cas, l'idéal est de retenir une situation analogue à celle présentée sur la planche VII, cliché c. Dans la mesure du possible, les distances d'isolement devront être de 1 à 2 km, cette règle étant difficile à respecter dans les régions très peuplées de l'Asie.

Plantation

Densité

Quelques repaires

Le choix d'une densité d'arbres à l'hectare est complexe et tient compte de divers facteurs tels que le climat, la qualité du sol, l'association porte-greffe variété, ainsi que des techniques culturales mises en œuvre, la taille notamment.

Les climats à hivers marqués ralentissent la croissance des arbres à la moitié de celle observée dans des situations de régions tropicales.

Les sols riches et profonds sont évidemment plus favorables à un fort développement qui pourra être compensé par des tailles plus sévères.

La variété et le porte-greffe ont également une influence sur la croissance des arbres.

Le tableau 15 donne une idée de l'écartement des plants utilisé en plantations traditionnelles, selon les zones et les variétés d'agrumes les plus couramment exploitées.

Tableau 15. Écartement des arbres (E en m) et nombre d'arbres/ha (D) observés en vergers d'agrumes selon la variété exploitée et le climat.

Pays	Citronniers		Pomelos		Orangers		Mandariniers Clémentiniers	
	E	D	E	D	E	D	E	D
Afrique tropicale : Côte d'Ivoire	9 × 9	123w	9 × 8	138	7 × 7	202	6 × 6	276
Afrique du Nord : Maroc – Tunisie	7 × 7	202	7 × 6	236	6 × 6	276	6 × 5	333
Étas-Unis : Floride	8 × 7	178	8 × 7	178	7 × 7	202	6 × 6	276
Corse	6 × 6	276	6 × 5	333	6 × 5	333	6 × 4	415
Chine : Sud Fukien Nord Guangdong							2,5 × 3	1 333

Comment raisonner la densité de plantation d'un verger

Les distances de plantation retenues auront des conséquences importantes sur la rentabilité du verger (rendements et qualité) ainsi que sur le coût de certaines interventions comme la taille, la récolte ou encore les traitements par pulvérisation qui constituent des postes importants dans le budget général d'entretien.

Quelles que soient la nature du porte-greffe et la vigueur de l'association, trois règles permettront d'optimiser l'occupation de l'espace :
– la hauteur des arbres ne doit pas dépasser 0,8 fois l'écartement sur les lignes de plantation, ni 2 fois la largeur de l'allée centrale. La répartition spatiale sera ainsi plus avantageuse pour intercepter l'énergie lumineuse ;
– le volume utile, représenté par les 90 cm de périphérie de couronne qui portent la majeure partie de la récolte, doit se situer aux environs de 10 000 m³/ha (Rabe, 1993) ;
– il est préférable de retenir la formule « haie fruitière » qui laisse moins de volume inoccupé et facilite la circulation dans les interlignes.

La tendance moderne va dans le sens d'une augmentation des densités par hectare, laquelle s'accompagne d'une diminution du volume des arbres par utilisation de porte-greffes à effet nanisant.

Le tableau 16 regroupe quelques données calculées en fonction de la vigueur de certains porte-greffes.

Tableau 16. Différentes caractéristiques du couvert végétal en verger d'orangers ou de mandariniers (d'après Rabe, 1993).

Distance de plantation (m)	Hauteur maximale acceptable	*Rapport H/Ec	Nombre d'arbres/ha	Rayon de la couronne	Largeur de l'allée	Volume total de couronne (m3/ha)	Volume total utile	Type de porte-greffe
8,0 × 6,0	6,5	80	208	2,5	3,0	13 606	10 040	Troyer, Carrizo Volk.
7,5 × 4,5	6,0	80	295	2,3	2,8	15 027	11 650	Yuma, Sacaton
6,0 × 3,0	5,0	83	555	1,8	2,4	13 555	11 860	*Poncirus trifoliata*
5,0 × 2,0	4,0	80	1 000	1,25	2,0	8 177	7 060	Flying-Dragon

H = hauteur de l'arbre ; Ec = écartement sur le rang

Plus la densité est élevée, plus la mise de fonds au départ est importante, mais, aussi, plus le point d'équilibre correspondant au remboursement des investissements par les produits de la récolte sera atteint rapidement.

À titre indicatif, l'installation d'un verger de limettiers de Tahiti plantée en Martinique à une densité 5 fois plus élevée que la normale, soit 1 000 pieds/ha au lieu de 200 pieds/ha, coûte 2 fois plus cher (110 000 FF au lieu de 48 000 FF), mais produit en 3e année 14 t au lieu de 4 t. La mise de fonds est remboursée en 5e année, au lieu des sept ans nécessaires pour une plantation normale (Mademba-Sy *et al.*, 1993).

Piquetage

Piquetage en terrain plat

À partir des lignes de brise-vent préalablement fixées, une première ligne de base est établie dans la plus grande longueur de la parcelle (figure 36). Sur cette ligne de base, trois perpendiculaires sont élevées à l'aide d'une échelle d'arpenteur. Une cinquième ligne de plantation permet alors de «fermer» le dispositif.

Sur ces différentes lignes, les distances entre les arbres (distances sur le rang et distances interlignes) sont repérées à l'aide d'un câble ou d'une corde graduée et tendus entre les lignes de base. La position de chaque arbre est marquée par un piquet.

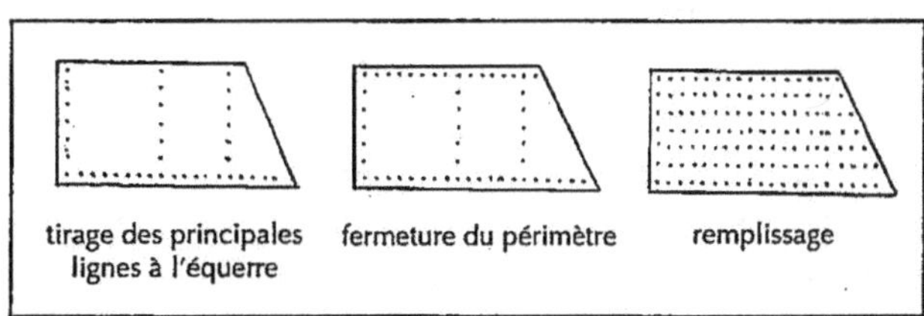

Figure 36. Schéma de piquetage d'une parcelle, avant plantation d'un verger d'agrumes.

Pour faciliter le passage et le virage des engins en fin de ligne, des aires de dégagement (tournières), de 8 m de large, sont ménagées en retrait des brise-vent.

L'emplacement exact du trou de plantation et le positionnement du jeune arbre sont donnés par la « règle » à planter (figure 37). C'est une planche de 1 m à 1,50 m de long, marquée de 3 encoches, l'une exactement au milieu, les deux autres aux extrémités et équidistantes du centre. Le piquet matérialisant l'emplacement de futur arbre est placé dans l'encoche centrale et 2 jalons repères sont disposés de part et d'autre, dans les 2 encoches d'extrémité.

Pour faire le trou de plantation, le piquet central est retiré, et à la plantation, le jeune arbre est positionné sur l'encoche centrale, après avoir calé la « règle » à planter sur les deux repères d'extrémité.

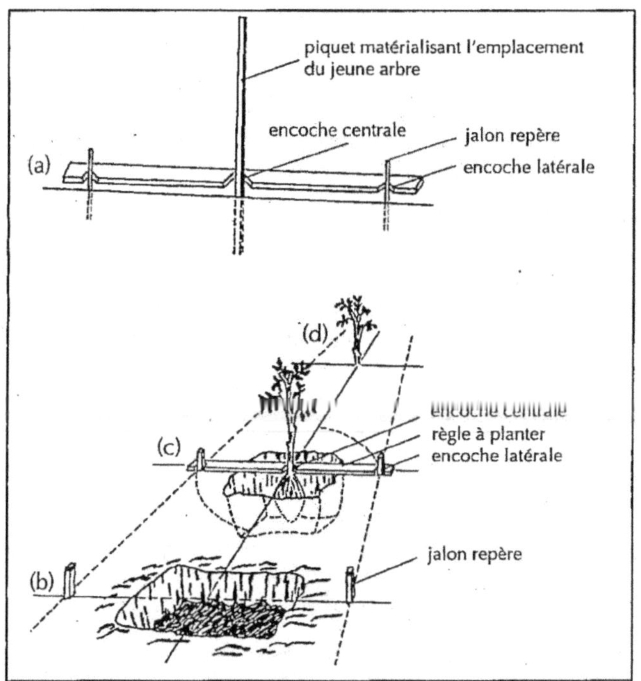

Figure 37. Procédure de plantation des arbres dans un verger d'agrumes ; a : pose des jalons, b : placement et creusement du trou, c : placement de l'arbre lors de la plantation, d : arbre planté.

Piquetage sur courbes de niveau

Le piquetage devient un peu plus complexe dans le cas d'une plantation effectuée sur courbes de niveau en zone vallonnée, car il faut tenir compte à la fois de l'écartement entre 2 arbres et de la pente donnée à chaque ligne de courbe de niveau pour assurer l'évacuation des eaux de ruissellement vers le « talweg ».

Par exemple, pour un intervalle de 4 m entre 2 arbres, une pente de 7,5 mm/m vers le talweg et une distance de 6 m entre les rangs, il faudra une planche à tracer de 4 m de long, munie aux 2 extrémités de pieds perpendiculaires, l'un de 1 m de haut, l'autre de 0,97 m, car tenant compte de la pente (4 m entre les arbres × 7,5 mm/m de pente = 3 cm de dénivellation, d'où la hauteur du pied en amont de 1 m – 0,03 m = 0,97 m). Un niveau de maçon est placé sur la planche qui relie les 2 pieds.

Sur le côté de la parcelle une ligne de base est piquetée en retenant par exemple une distance de 6 m entre les rangs, si c'est l'écartement souhaité.

Le pied de la planche à tracer le plus court (0,97 m) est placé à la base du premier jalon de bordure, situé en début de la parcelle. L'autre pied de la planche est déplacé dans le sens de la pente jusqu'à ce que le point repéré à l'aide du niveau de maçon indique l'emplacement de l'arbre. L'opération est ensuite répétée pour tracer les différents points des emplacements des arbres sur la ligne et ainsi de suite jusqu'au talweg.

L'écart maximal entre deux courbes de niveau ne doit pas excéder 6,40 m. Pour un même écartement de 6 m, les courbes ne doivent pas se rapprocher de plus de 8/10, soit d'environ 4,80 m (6 m × 0,8 = 4,80 m). Le cas échéant, il faut interrompre le tracé et repartir à la base.

Si le terrain redevient plat, le tracé reprend en rectangle classique et la dernière courbe sera rectifiée au préalable, en ligne droite, pour servir de base au nouveau tracé.

L'aspect d'un verger correctement établi en épousant les courbes de niveau est donné par la planche VII, cliché d.

Mise en place des arbres

Le choix de l'époque de plantation dépend non seulement du climat de la zone, mais encore du mode de transplantation des jeunes arbres, à racines nues ou en motte.

En zone située au nord de la mer Méditerranée (Espagne, Corse, Italie, etc.), les plantes à racines nues ne peuvent être plantées qu'au printemps. Pour les arbres préparés en motte, le choix est possible entre une plantation de fin d'été effectuée dès que les températures estivales ont chuté ou une plantation de printemps qui aura lieu avant que la végétation des jeunes arbres ne reprenne en pépinière. Cette dernière période, qui conviendra aussi pour les arbres livrés en sacs plastiques, peut être repérée en observant le départ des premiers bourgeons sur les sujets les plus précoces.

Pour chaque arbre, le trou à creuser dans le sol ameubli doit avoir 30 cm × 30 cm de profondeur.

Pour les plants à racines nues, le quart du système d'enracinement est éliminé. Les jeunes pousses sont effeuillées en totalité. Le plant sera ensuite transporté et déposé dans le trou.

Pour des plants en motte, les sujets sont disposés directement dans le trou de plantation sans avoir été taillés préalablement. Le point de greffe doit être absolument placé très nettement au-dessus du niveau du sol. En comblant le trou, une petite butte de 15 cm de haut est alors aménagée de façon à ce que, après tassement progressif du sol, le collet du plant se retrouve au niveau du sol de la parcelle. En zone tropicale, il est même toujours préférable de planter sur butte en raison des fortes pluies qui, en saison humide, peuvent conduire à des accumulations d'eaux temporaires.

L'aménagement d'une petite cuvette autour du plant, dès la plantation, suivi d'un copieux arrosage permet de favoriser le tassement du sol et d'éviter la formation de poches d'air, défavorables à la reprise. Les jeunes troncs sont badigeonnés avec un mélange de blanc gélatineux (65 %), de peinture vinylique blanche (30 %) et de sulfate de cuivre neige (5 %) qui est dilué dans l'eau avant son incorporation au mélange. Un filet de protection du collet doit être installé si des dégâts de lapins ou rongeurs sont à craindre.

Dès que le besoin s'en fait sentir, la partie effondrée de la cuvette doit être complétée avec de la terre de surface.

Il est recommandé de placer un paillage plastique autour de chaque arbre, par exemple un film de polyéthylène perforé de 80 µm, maintenu par un bourrelet de terre. Ainsi, le dessèchement trop rapide des couches superficielles du sol et le développement des adventices sont limités.

Entretien du verger après la plantation

Alimentation hydrominérale

Au cours des mois qui suivent la plantation du plant d'agrume, les soins sont réduits aux irrigations apportées avec une fréquence qui varie avec le climat (tableau 17). L'apport d'un complément d'azote n'est nécessaire que dans le cas où les plants auraient produit de belles pousses au printemps. Des applications de 25 à 30 g de cet engrais (tableau 18) sont alors faites, à l'occasion d'un arrosage, dans la cuvette aménagée autour de l'arbre.

Tableau 17. Calendrier des travaux après plantation dans un jeune verger en zone méditerranéenne.

	Automne				Hiver		Printemps			Été		
	sept.	oct.	nov.	déc.	janv.	fév.	mars	avril	mai	juin	juil.	août
Travail du sol	●	●					●	●	●	●	●	●
Épandage engrais phospho-potassique	●	●										
Engrais vert	●	●					●	●				
Épandage engrais azoté							●	●	●	●	●	●
Désherbage chimique du rang							●	●	●	●		●
Traitement bactériose					●	●						
Taille et broyage des chutes						●	●	●	●			
Traitements pucerons cochenilles										●	●	●
Traitements acariens cicadelles	●	●								●	●	●
Irrigation	●						●	●	●	●	●	●
Récolte			●	●	●	●						

Tableau 18. Programme de fertilisation appliqué au clémentinier en Corse pour un verger à 416 arbres/ha (lignes espacées de 6m, arbres à 4m sur le rang).

Âge du verger →	Quantités apportées en g/arbre/an					Quantités apportées en kg/ha/an					
	Rayon de la surface d'application centrée sur le tronc de l'arbre					Largeur entre les rangées d'arbre, traitées à l'épandeur			Épandage sur toute la surface du verger		
	0,30 m	0,50 m	0,90 m	1,20 m	1,60 m	2,00 m	2,30 m	2,70 m			
	À la plantation	1 an	2 ans	3 ans	4 ans	5 ans	6 ans	7 ans	8 ans	9 ans	10 ans
Azote											
Azote pur	40	90	170	260	300	135	145	150	160	170	180
Amonitrate 33,5 %	120	270	510	780	900	405	430	460	490	510	540
Amendement											
CaO	200	400	800	1 000	1 300	600	650	700	720	750	800
Calcaire 40 % CaO	500	1 000	2 000	2 500	3 250	1 500	1 650	1 750	1 800	1 900	2 000
Potasse											
K_2O	20	45	90	130	150	65	70	75	80	85	90
Chlorure potasse*	30	80	150	210	250	110	120	125	130	140	150
Phosphate											
P_2O_5	10	20	45	65	75	34	36	38	40	43	45
Scories 17 %	65	130	250	380	450	200	210	225	235	250	270

Scories 17 % par an ou, tous les deux ans, 270 kg/ha de scories sur toute la surface

À ces quantités d'engrais, il faut ajouter un complément en azote lorsque l'interligne est enherbé :
– engrais verts : 40 kg N/ha au moment de l'enfouissement des engrais verts ou de la végétation naturelle en «février-mars».
– enherbement permanent : 75 kg N/ha/an, 30 kg P_2O_5/ha/an sur les bandes d'enherbement permanent.
* Le sulfate de potasse, bien que plus cher, est souvent préférable au chlorure.

Engrais verts

À l'automne qui suit la plantation et durant les quatre premières années, il est possible d'ensemencer des engrais verts dans les interlignes, sur une bande de 2,5 m à 3 m de large (planche VII, cliché e). Dans les conditions de la Corse, il faut semer durant la 2ᵉ quinzaine de septembre, pour obtenir une levée avant les pluies d'automne. Pour les zones méditerranéennes, la rotation suivante donne de bons résultats :

– 1ʳᵉ année : féverole ou lupin à 120 kg/ha,

– 2ᵉ année : moutarde à 20 kg/ha ou radis chinois à 18 kg/ha,

– 3ᵉ année : seigle et vesce à 50 kg/ha (ou 100 kg/ha si utilisés en mélange) ou féverole à 120 kg/ha,

– 4ᵉ année : radis chinois (18 kg/ha) ou moutarde (20 kg/ha).

En Corse, les engrais verts sont enfouis par un passage de disques avant la floraison, à la fin du mois de février ou au début du mois de mars. Une semaine après l'enfouissement, un deuxième passage des disques permet d'épandre 40 kg/ha d'azote (tableau 19).

En zone tropicale, le Pueraria, ou Kudzu (plantations de citronniers en Côte d'Ivoire, d'orangers au Surinam) sont souvent utilisés ou le Kalamansi (Philippines).

Cultures intercalaires

Dans certaines régions et souvent dans de petits vergers, les producteurs installent des cultures intercalaires (légumes, maïs, arachide, etc.). Le choix de ces cultures est difficile, car il est rare de trouver une culture qui, d'une part, n'entre pas en concurrence avec les arbres même encore jeunes, et, d'autre part, ne requière pas des travaux saisonniers coïncidant avec celui des agrumes. Quoi qu'il en soit, la culture intercalaire doit être limitée à l'axe de l'interligne et ne doit être pratiquée que pendant les deux à trois premières années du verger. Les cultures légumières de type tomate, laitue ou melon, ou encore l'arachide, sont généralement préférables aux plantes plus envahissantes comme la pastèque, la patate douce, et *a fortiori* le maïs ou la canne à sucre.

Lorsqu'il s'agit de petites parcelles exploitées dans le cadre d'une main-d'œuvre familiale, l'ananas peut constituer une solution intéressante. En Asie, il arrive que le riz soit maintenu en culture intercalaire lorsque les jeunes vergers d'agrumes sont installés sur buttes hautes (voir précédemment).

Travaux du sol

L'essentiel du système d'enracinement des agrumes est réparti dans la zone superficielle des 20 à 50 premiers centimètres du sol. Dans les premières années de plantation, les racines des jeunes arbres n'ont pas encore totalement colonisé la totalité de la surface du verger. Pendant cette période, il est donc possible de travailler superficiellement le sol entre les lignes. Plus tard, il est préférable de s'en abstenir.

Tableau 19. Doses utilisées en pulvérisations foliaires (4 000 l/ha) pour corriger rapidement la fumure d'un verger d'agrumes constitué d'arbres adultes.

Produits	Modes et saisons d'application	Doses	
Azote	**Pulvérisation d'urée :**	Eau :	100 l
	avant la floraison	Urée :	900 g
	à la floraison	(contenant moins de 0,25 % de biuret)	
	après la floraison	Jusqu'à 3 pulvérisations mensuelles	
	période trop pluvieuse ou trop froide	effectuées avant, pendant et après la floraison	
Potasse	**Pulvérisation**	Eau :	100 l
	en mai-juin	Nitrate de potasse :	3 000 à 3 600 g
Magnésium	**Pulvérisation**	Eau :	100 l
	en mai-juin	Nitrate de magnésium :	1 200 g
		ou	
		Eau :	100 l
		Sulfate de magnésium :	1 200 g
		Nitrate de chaux :	1 200 g
Zinc et manganèse	**Pulvérisation**	**Zinc (Zn)***	
	en mai-juin	Eau :	100 l
		Sulfate de Zn à 22,6 % :	300 g
		ou à 36 %	180 g
		Zinc + Manganèse	
		Eau :	100 l
		Sulfate de Zn à 22,6 % :	300 g
		ou à 36 %	300 g
		Sulfate de manganèse :	180 g
Bore	**Pulvérisation**	Eau :	100 l
	à la nouaison	Solubor (66 % de N_2O_3)	250 g
Molybdène	**Pulvérisation**	Eau :	100 l
	au printemps	Molybdate d'ammonium :	6 à 11 g

* Les sulfates de zinc et manganèse peuvent être remplacés par des spécialités neutres commerciales.

Fertilisation

Les recommandations données dans cette partie s'appliquent à la conduite de la fertilisation d'un verger d'agrumes situé plus particulièrement en zone méditerranéenne. Cependant, ces informations pourront servir de base à une politique de fumure raisonnée dans d'autres situations, tropicales par exemple.

La fumure phospho-potassique est appliquée sur toute la surface du verger, à l'automne, dès la 2ᵉ année. Pour des sols ayant tendance à l'acidification, les amendements calcaires, avec ou sans magnésie, sont appliqués tous les 2 ans, en pleine surface, et en même temps que la fumure phospho-potassique, soit en automne.

Durant les 3 à 4 premières années, la fumure azotée est répartie à la main, au pied de l'arbre et à l'extérieur de la frondaison, en 3 fois dans l'année : 1/2 dose apportée au début du printemps, puis 1/4 dose, 2 mois après la pleine période de végétation, enfin, 1/4 dose au moment de la chute physiologique des petits fruits.

Après 4 ans, et jusqu'à la 6 ou 7e année, la fumure azotée est répandue sur le rang, en s'abstenant d'épandre de l'engrais sur une largeur de 1 m ou 1,5 m dans l'axe de l'interligne.

Au-delà de la 7e année, les engrais azotés sont appliqués sur toute la surface, de préférence en 2 fois, 1/2 dose avant la floraison et 1/2 dose à la fin du mois de juillet après la chute physiologique des petits fruits.

Pour favoriser le grossissement des fruits, ces applications peuvent être complétées, au cours des mois de septembre ou octobre, par la pulvérisation foliaire d'une solution de nitrate de potasse (100 kg/ha). Cependant, une application trop tardive d'azote peut présenter l'inconvénient de retarder sensiblement la coloration des fruits.

Dans le cas d'un verger de citronniers, pour obtenir des fruits de bon calibre et à peau lisse et fine, il est conseillé de modifier la fertilisation à partir de la 7e année : la fumure azotée est réduite de moitié par rapport à celle apportée aux autres types d'agrumes de la même zone, cultivés dans les mêmes conditions de climat et de sol. Elle sera apportée en une seule fois à la sortie de l'hiver.

Si des carences en zinc et manganèse apparaissent sur les feuilles, des pulvérisations foliaires sont appliquées aux doses indiquées sur le tableau 19 (300 g pour 100 l de solution concernant le zinc et 180 g/100 l pour le manganèse). La bouillie doit être appliquée à raison de 1 500 l/ha.

Dans l'ensemble, la politique de fumure doit être ajustée à la nature physico-chimique du sol et à l'importance des récoltes qui représentent des exportations très conséquentes d'éléments minéraux. Des contrôles peuvent être faits par le diagnostic foliaire pour corriger certains déséquilibres. Les règles à suivre pour l'échantillonnage foliaire sont décrites dans l'annexe X. Une synthèse des doses de fumure appliquées dans différents pays agrumicoles du monde est donnée dans le tableau 20.

Désherbage chimique

Pour de nombreux vergers des zones méditerranéennes ou tropicales, le désherbage manuel est devenu trop onéreux. Il est remplacé par l'application d'herbicides choisis en fonction des plantes adventices à contrôler.

En zone méditerranéenne, l'enherbement permanent des vergers n'est pas conseillé, car les risques de gelées sont accrus et la concurrence avec les arbres est importante, tant du point de vue nutritionnel que de celui du bilan hydrique. Le choix des désherbants est à ajuster en fonction de l'âge du verger. Durant les deux premières années, il est déconseillé d'utiliser des défanants tels que le paraquat et le diquat. En revanche, l'emploi du glyphosate est conseillé. Il convient de l'appliquer, alors, avec les précautions habituelles, c'est-à-dire en traitant par temps calme, à débit correctement dosé, en évitant de toucher le feuillage

Tableau 20. Politiques de fertilisation appliquées en vergers d'agrumes, dans différentes régions du monde (Koo *et al.*, 1992)

1) Jeunes arbres

Pays	Âge des arbres (années)	N	P$_2$O$_5$	K$_2$O	MgO	Os	Cendres de bois
						g/arbre	
Brésil	1	100	0	20			
	2	160	160	80			
	3	240	240	160			
	4	360	320	320			
	5	480	400	400			
	6	600	480	480			
États-Unis (Floride)	1	200	200	200	65		
	2	330	330	330	110		
	3	440	440	440	150		
	4	500	500	500	165		
	5	580	580	580	190		
	6	640	640	640	220		
Côte d'Ivoire	1	65	0	20	200		
	2	85	0	30	400		
	3	115	55	120	400		
	4	280	80	170	600		
	5	380	110	230	800		
	6	540	160	350	600		
Inde	1	50	100			500	1 500
	2	100	200			1 000	3 000
	3	150	300			1 500	4 500
	4	200	400			2 000	6 000
	5	250	500			2 500	7 500
	6	300	600			3 000	9 000

2) Arbres adultes

Pays	N	P$_2$O$_5$	K$_2$O	MgO
		Kg/ha		
Japon	150 - 350	115 - 205	115 - 235	
Brésil	150 - 240	40 - 80	90 - 320	
Étas-Unis (Floride)	180 - 320	30 - 60	180 - 360	75 - 210

Compositon de l'os : 3,0 % N, 25 % P$_2$O$_5$, 0,2 % K$_2$O et 20 % Ca ;
Composition des cendres de bois : 0,0 % N, 1,8 % P$_2$O$_5$, 5,5 % K$_2$O, 23 % Ca et 2,2 % Mg.

des agrumes et si possible 24 heures avant l'annonce d'une pluie ou avant une irrigation par aspersion. Cet herbicide élimine un grand nombre d'espèces d'adventices. Son efficacité est améliorée par adjonction d'un surfactant tel que le sulfate d'ammoniaque à 2,5 kg/l d'eau.

Entre la 2ᵉ et la 5ᵉ année du verger, le glyphosate peut être encore utilisé, mais l'emploi des défanants paraquat et diquat devient possible, toujours avec les précautions d'usage.

Après la 5ᵉ année, l'emploi de désherbants de pré-levée est recommandé. la simazine, le diuron et le bromacil, et si nécessaire, en complément, le diquat, le paraquat et le glyphosate peuvent être utilisés. Il faut opérer par temps calme, avec des buses spéciales à basse pression (moins de 1 kg) et en évitant soigneusement de toucher le feuillage des arbres.

La culture des agrumes en sol nu, non travaillé et en désherbage chimique total n'est pas sans inconvénients. Outre des phénomènes de phytotoxicité, possibles avec des sols légers, il y a un risque de voir apparaître des problèmes de ruissellement et d'érosion.

Irrigation

La satisfaction des besoins en eau des vergers est étroitement liée à la nature du sol, à la climatologie locale, ainsi qu'à l'âge des arbres. Dans tous les cas, il faudra un approvisionnement en eau satisfaisant, aussi bien en qualité qu'en quantité.

Plusieurs techniques d'application sont utilisées :

• La plus anciennement pratiquée, l'arrosage à la cuvette, ou mieux à la double cuvette, demeure valable pour la 1ʳᵉ et la 2ᵉ année de plantation. Elle l'est moins pour les années suivantes, car peu précise et nécessitant une main-d'œuvre importante. Dans beaucoup de pays méditerranéens, la raréfaction de l'eau oblige à utiliser des techniques plus économes d'irrigation localisée ;

• L'aspersion à partir de rampes mobiles ou d'un réseau enterré présente des avantages certains ; elle peut s'effectuer sur ou sous frondaison :
– l'aspersion sur frondaison ne permet une répartition correcte de l'eau que par temps calme. Elle engendre des pertes d'environ 20 % par évaporation, mais le fonctionnement de l'installation est facile à vérifier. Il faut disposer d'un débit important à la borne et d'une pression d'environ 5 kg. Un filtrage grossier suffit ;
– l'aspersion sous frondaison assure une répartition correcte par tous les temps, mais une partie du matériel est plus sensible au gel et à la dégradation. Cependant, les pertes par évaporation sont minimes et cette méthode autorise des débits plus faibles, ainsi que des pressions moins élevées (1 à 1,5 kg). Elle a aussi l'avantage de ne pas perturber le calendrier des traitements phytosanitaires appliqués au feuillage ;

• L'irrigation par micro-jets présente un coût d'installation élevé. Le matériel est délicat à entretenir et requiert une installation de filtration adéquate. En revanche, la répartition de l'eau est correcte, les pertes par évaporation sont limitées, et, comme l'aspersion sous frondaison, elle n'interfère pas sur les traitements phyto-sanitaires du feuillage ;

• L'irrigation au goutte-à-goutte paraît suffire pour certains sols pendant les cinq premières années. Elle exige cependant une filtration très poussée et le contrôle de son fonctionnement est contraignant. Le risque de rupture d'alimentation en eau des arbres doit être évité en période sèche. Dans les sols très sableux, la répartition de l'eau est imparfaite et ne coïncide pas avec l'implantation idéale des racines. Pour les climats à étés chauds et secs (Sud Maroc, Moyen-Orient), l'utilisation du goutte-à-goutte donne de bons résultats à condition d'utiliser la technique de fertirrigation, ou apport d'irrigation fertilisante. Dans ce cas, en effet, il y a une meilleure gestion du volume de sol par formation d'un bulbe humide où viennent se concentrer les racines. L'économie d'eau peut être substantielle (jusqu'à 50 %) sans perte de productivité. Cette méthode nécessite, toutefois, une grande technicité et doit être complétée, périodiquement, par des lessivages d'eau douce pour éviter une augmentation de la conductivité dans le bulbe de sol prospecté par les racines.

Il faut enfin rappeler que tout système d'irrigation implique un bon drainage, qu'il soit naturel et lié aux qualités du sol ou aménagé en drains et collecteurs dans les cas les plus défavorables.

Périodes d'application et volumes

Pour le climat du nord de la Méditerranée (Espagne, Corse, Italie, etc.), il y a généralement 5 périodes durant lesquelles l'irrigation est nécessaire, mais à des doses variables :

– d'avril à mi-mai, la dose est de 50 à 60 mm/mois,

– de mi-mai à mi-juillet, 90 mm/mois,

– de mi-juillet à mi-août, 120 à 130 mm/mois,

– de mi-août à fin septembre, 90 mm/mois,

– de fin septembre à octobre, 50 à 60 mm/mois.

Avec l'aspersion sur frondaison, l'irrigation doit être faite tous les 10 à 15 j pendant ces deux premières périodes et tous les 10 j pendant la troisième.

Pour une aspersion sous frondaison, l'application est de 30 mm à chaque irrigation (donc 3 irrigations pour les mois où des quantités de 90 mm/mois sont nécessaires) et, pour les mois les plus chauds, la dose est portée à 40 mm à chaque irrigation.

Avec la technique du micro-jet, la dose de 90 mm est apportée en 4 irrigations de 23 mm chacune, et, pour les mois les plus chauds, en 4 irrigations de 30 mm.

L'agrumiculteur aura intérêt à suivre l'évolution de l'ETP (évapotranspiration potentielle) et à ajuster le volume des arrosages en appliquant un coefficient de 0,8 à la valeur de ce paramètre. Cela est valable pour toutes les variétés d'agrumes, à l'exception du citronnier qui se verra crédité d'un coefficient de 0,5 seulement.

À la sortie des pluies d'hiver, le sol est laissé à ressuyer pendant une quinzaine de jours. Puis l'épuisement de la réserve hydrique par évapotranspiration est évalué. Il y a des risques importants de chute des fruits à la nouaison si les arbres ont souffert d'un manque d'eau en période pré-florale ; de ce fait, si la réserve utile du sol est déjà entamée au moment où les boutons floraux apparaissent, il sera utile d'apporter une irrigation de 25 à 30 mm afin de compenser les pertes par évaporation. Même en pleine floraison, l'irrigation des agrumes peut s'avérer nécessaire.

Par ailleurs, il est préférable de ne pas arrêter brutalement les irrigations de mi-septembre à octobre, car cette période est celle du développement maximal des fruits et conditionne donc leur calibre.

Taille

Une des particularités des agrumes par rapport aux autres arbres fruitiers est qu'il n'est pas possible de faire la différence entre les yeux à bois et les yeux fructifères. Il n'y a pas d'évolution de l'œil sur plusieurs années et chaque bourgeon peut évoluer en un an pour donner une pousse à fleurs qui portera un ou plusieurs fruits terminaux. De plus, la forme que l'on cherche à obtenir par la taille devra se rapprocher du port naturel des agrumes.

Un arbre jeune, non taillé, prend une forme buissonnante et émet un grand nombre de branches charpentières. Avec l'âge, celles-ci se gênent, la frondaison s'épaissit et l'intérieur de l'arbre se dégarnit. Certains rameaux se dessèchent et les récoltes deviennent irrégulières. Cette tendance à s'épaissir, présentée par la frondaison, est plus accentuée chez le mandarinier qui devra donc être taillé à fréquence plus rapprochée que les autres agrumes.

Une taille annuelle est généralement de règle, mais elle doit être correctement équilibrée pour éviter un brusque effet négatif sur la récolte. En fait, toutes les pousses de printemps peuvent être fructifères, mais celles qui donnent les plus beaux fruits sont portées par les rameaux de l'année précédente, donc par du bois âgé d'un an, alors que les bois plus anciens portent des rameaux donnant des fruits de plus petit calibre. Cela est particulièrement vrai pour le clémentinier cultivé en région méditerranéenne.

Pour tailler, il faut donc imaginer le devenir de la végétation après la taille et opérer des choix aboutissant à supprimer, à regret, une partie des rameaux fructifères en puissance ; cela doit permettre, en contrepartie, une meilleure alimentation des pousses conservées et des fruits à venir.

Il faut éviter que le diamètre des pousses issues des branches taillées diminue rapidement, et, par conséquent, il convient d'intervenir régulièrement pour éviter d'avoir à supprimer trop tardivement des branches vigoureuses.

Chez le clémentinier par exemple, il y a souvent émission de très nombreuses pousses à l'extrémité des rameaux. Il faut donc éclaircir ces parties touffues en les taillant toujours à leur empattement mais jamais à mi-longueur.

Trois principes directeurs doivent gouverner la pratique de la taille des agrumes :
– formation d'une charpente vigoureuse,
– constitution de rameaux porteurs, jeunes, bien alimentés et uniformément répartis sur les charpentières et les sous mères,
– remplacement des rameaux âgés, improductifs, par du bois jeune qui portera la fructification de l'année suivante.

Taille de formation

La taille de formation doit permettre d'obtenir, sur un tronc de 0,50 m de haut, une charpente basse, solide, bien aérée, avec des départs de branches charpentières étagées et réparties en étoile sur le tronc.

En sortie de pépinière, les jeunes arbres sont disciplinés par pincement de la pousse terminale à 60 cm du sol. Au cours de la première année après plantation, des pousses multiples se développent sur les scions et commencent à se ramifier. Dès la fin de l'hiver, il faut intervenir en conservant seulement de 3 à 5 pousses distantes de 10 cm chacune, pour former la charpente. Le prolongement de chacune de ces futures branches charpentières sera laissé intact; en revanche, les pousses latérales doivent être taillées.

En cours de végétation, lorsque le prolongement des branches charpentières atteint 60 à 80 cm, un deuxième pincement doit avoir lieu qui sera à l'origine de la formation du deuxième étage de branches sous mères.

Cette taille permet d'obtenir un ensemble de charpentières et de sous mères de 6 à 10 branches bien étagées, bien réparties et assurant, à l'arbre, une bonne aération. La silhouette générale doit évoquer une sphère, alors garnie de ramifications intérieures réparties en niveaux successifs dans la frondaison.

Taille annuelle d'entretien et de fructification

La taille annuelle, qui favorise la formation de nouveaux rameaux, doit permettre d'obtenir une fructification régulière. Les règles ne sont pas aussi strictes que celles appliquées à d'autres espèces fruitières, le principe de base étant que le volume de la frondaison ne doit pas être diminué.

La taille annuelle porte d'abord sur les grosses branches puis touche les petits rameaux. Pour les charpentières, il convient de ne laisser que 6 à 10 branches maîtresses de départ, en évitant de créer des trous dans la frondaison. Pour les petits rameaux, il faut s'assurer, en faisant le tour de l'arbre, que les couches successives sont suffisamment distantes les unes des autres (20 à 30 cm d'intervalle) pour assurer un bon ensoleillement de l'ensemble de l'arbre.

La taille est effectuée ensuite, par secteur, sur les rameaux issus de chaque charpentière, en progressant du bas vers le haut :
– le bois mort est supprimé;
– les rameaux qui se croisent ou qui se trouvent être trop rapprochés dans un plan vertical sont éliminés;
– les rameaux chétifs qui ne donneraient que des fruits de petit calibre sont coupés;
– l'extrémité des rameaux est éclaircie par élimination de certaines pousses (une sur trois), lorsqu'elles sont trop nombreuses. Il n'est, cependant, pas nécessaire d'éliminer les petites pousses situées le long des charpentières et partant vers l'intérieur de l'arbre, car, après avoir fructifié une fois, elles se dessécheront rapidement et seront, ensuite, éliminées comme bois mort. Les gourmands bien placés seront conservés pour assurer le renouvellement du vieux bois;

– la taille doit toujours intervenir à l'empattement de la partie à supprimer, sans laisser de chicot ;

– les gourmands peuvent être taillés toute l'année. En revanche, les branches principales sont taillées en hiver seulement. Pour les arbres adultes, l'intervention se fait après les grands froids et avant la floraison.

Un sécateur ordinaire suffit pour tailler les petits bois, mais, pour les branches de plus de 3 cm de diamètre, il est préférable d'utiliser une scie. Les grosses plaies sont parées et enduites d'un mastic protecteur et cicatrisant ; à chaque changement d'arbre, les outils sont désinfectés à l'eau de Javel du commerce non diluée.

Un bon ouvrier effectue la taille d'entretien d'un arbre âgé d'une dizaine d'années en une demi-heure.

Taille en haie fruitière

La taille en haie fruitière est pratiquée dans les vergers où toutes les interventions sont mécanisées et elle ne doit concerner, en principe, qu'un seul côté par an (taille mécanique alternée). Les citronniers, limettiers et orangers cultivés en zone semi-tropicale – Floride, Amérique centrale, etc. – sont souvent taillés de cette façon.

Taille de régénération

La taille de régénération est envisagée lorsque les vieux arbres s'épuisent et ne donnent plus de jeune bois. La frondaison est alors sévèrement taillée au niveau des charpentières. L'objectif de cette intervention est de sélectionner de nouvelles branches sous-maîtresses qui se formeront à partir du démarrage de bourgeons latents, présents sur la charpente. Celle-ci devra être impérativement protégée des coups de soleil par un blanchiment au lait de chaux. Comme pour les autres types de taille, l'application, sur les plaies, de goudron de Norvège ou de mastic à greffer s'impose. La taille de régénération provoque une chute de production pour environ deux campagnes, temps nécessaire à la reconstitution d'une vigoureuse frondaison fructifère.

Utilisation des bois de taille

Sur un verger en production, une taille annuelle produit environ 2 000 à 2 800 kg de feuilles et 4 000 à 4 500 kg de bois par hectare. Ce bois peut être rassemblé et brûlé, mais il peut aussi être finement broyé et restitué en éléments fertilisants correspondant à près de 15 à 20 t/ha de fumier. Avant son enfouissement, il faut toutefois veiller à ce qu'il soit bien broyé, car le bois de trop gros diamètre pourrait être le foyer de développement de pourridiés.

Par ailleurs, dans les régions atteintes de la maladie du *mal secco,* les branches laissées au sol non broyées et non enfouies constituent des foyers de dissémination de *Phoma tracheiphila.*

Protection du jeune verger et traitements sanitaires

Les jeunes vergers d'agrumes sont particulièrement exposés aux attaques de maladies et ravageurs en raison de leurs poussées végétatives fréquentes. Le contrôle à exercer dépend des situations géographiques et des conditions climatiques saisonnières. Il sera toujours utile que le planteur se tienne informé de la présence d'organismes utiles dans son verger car ceux-ci sont susceptibles d'atténuer les pullulations de ravageurs (annexe XI).

En zone méditerranéenne

En zone méditerranéenne, ce sont les attaques d'insectes piqueurs suceurs, susceptibles de transmettre des maladies de dégénérescence, qui sont à craindre. Ces ravageurs peuvent se développer rapidement à la faveur d'une nouvelle poussée végétative.

Pucerons

Le puceron le plus redoutable est *Aphis gossypii*, vecteur de la tristeza. Ses attaques peuvent être particulièrement dangereuses dans les pays qui utilisent encore le bigaradier comme porte-greffe et où des minifoyers de tristeza ont vu le jour. *A. gossypii* peut atteindre de fortes pullulations en zones cotonnières. C'est une espèce polyphage attaquant non seulement les agrumes, mais encore le coton ou certaines cucurbitacées (le melon entre autres). Son efficacité dans la transmission de la tristeza a été reconnue dans des pays comme l'Espagne et Israël.

Cependant, d'autres pucerons vecteurs de maladies existent en zone méditerranéenne. Ce sont *Toxoptera aurantii, Myzus persicae* et *Aphis craccivora* qui provoquent souvent une intense déformation des feuilles, mais ces trois espèces transmettent moins efficacement la tristeza que *A. gossipii*. Pour contrôler ces différents pucerons, il est conseillé d'appliquer des traitements aphicides sur les jeunes arbres. Des produits tels que le pyrimicarbe, le phosalone ou l'endosulfan, utilisés à 50 ou 60 g de ma/hl, permettent de protéger efficacement les poussées végétatives. Ces traitements peuvent être faits ponctuellement dans le jeune verger.

Ciccadelles

Deux espèces de ciccadelles sont à surveiller dans les jeunes vergers méditerranéens. Il s'agit de *Neoaliturus haematoceps* et de *Neoaliturus tenellus* qui sont toutes deux reconnues comme vectrices de la maladie du *stubborn*. Les vergers de bordure littorale peuvent être plus exposés que les autres du fait de la présence, dans ces zones, de plantes hôtes susceptibles d'héberger à la fois les vecteurs et la maladie. C'est le cas, notamment, d'une plante de rivage, *Salsola kali*.

Aleurode japonais (**Parabemisia myricae**)

L'aleurode japonais a récemment envahi le Bassin méditerranéen. D'origine asiatique, il est en phase d'expansion géographique. En Turquie, dans la région de Hatai, sa présence est associée à l'observation de distorsions et de panachures des feuilles, principalement sur pomelos, citronniers et tangelos. Ces troubles de la végétation résulteraient d'une nouvelle affection virale transmise par *P. myricae*. Lorsque la lutte biologique est installée, notamment à l'aide de deux entomophages *Encarsia transvena* et *Eretmocerus debachi*, les pullulations de *P. myricae* sont bien contrôlées. Dans le cas contraire, les jeunes plants doivent être protégés par des traitements chimiques à base de dimithoate.

Mineuse des agrumes (Phyllocnistis citrella)

La mineuse des agrumes est un lépidoptère, également d'origine asiatique, qui s'est récemment répandu dans le Bassin méditerranéen et sur le continent américain. Il occasionne d'importants dommages aux agrumes de pépinières ou de jeunes vergers.

La stratégie de lutte consiste à favoriser le développement de la faune parasite de *P. citrella,* notamment *Ageniaspis* sp. et *Tetrastichus* sp. (Quilici *et al.,* 1997), et à intervenir par des traitements à base d'huiles d'été, de diflubenzuron ou d'autres matières actives (voir chapitre «pépinière de pleine terre»).

En zone tropicale

Huanglungbin-greening

En Afrique, la maladie du huanglungbin-greening (HLB-G) se rencontre au sud du Sahara où elle est transmise par *Trioza erytreae* inféodé à la souche africaine de HLB-G, *Liberobacter africanum.* Le vecteur et la maladie, qui ne supportent pas les conditions chaudes de basse altitude, prolifèrent de préférence en climat frais et humide au-delà de 500 m d'altitude. La moitié sud orientale du continent, appelée l'Afrique haute, est particulièrement exposée (Aubert *et al.,* 1988). La prévalence de *Trioza erytreae* sur des plantes comme *Clausena anisata* et *Vepris lanceolata* présentes dans la végétation naturelle de brousse ainsi que la capacité du vecteur à se déplacer sur des distances de 10 à 12 km contribuent à disséminer activement le huanglungbin-greening africain.

Dans ces conditions, il est important d'installer les parcs à bois et pépinières en zones basses (altitudes inférieures à 200-300 m) et d'implanter les jeunes vergers dans des régions suffisamment éloignées des réservoirs de psylles et de pathogènes. Une autre solution consiste à conduire l'activité de pépinière sous cage d'isolement *insect-proof* (planche V, cliché c) et de protéger les jeunes arbres par une couverture chimique lors de la poussée printanière qui constitue la phase d'exposition la plus critique. Dans ce cas, des applications de triazophos, aldicarbe ou monocrotophos peuvent être utilisées. Dans certaines zones comme Madagascar ou les Mascareignes, la lutte biologique contre *T. erytreae* peut donner de bons résultats (Aubert et Quilici, 1983).

En Asie, il existe une forme orientale du HLB-G occasionnée par *Liberobacter asiaticum* et qui est transmise par *Diaphorina citri.* Contrairement à son homologue africain, *D. citri* est un vecteur de tendance grégaire, inféodé à quelques plantes domestiques et dont la capacité de vol est réduite (1 à 2 km). Une plante ornementale très populaire en Asie, *Murray paniculata,* constitue souvent un important foyer de psylles. Ces derniers pullulent aussi dans les innombrables petits vergers d'agrumes villageois et arbres domestiques. En revanche, *D. citri* est absent des massifs forestiers qui n'offrent pas de biotope favorable à ce vecteur. Des blocs de multiplication ou parcs à bois de pieds mères pourront donc être établis dans leur voisinage. Les pépinières aussi devront être isolées des villages, dans des sites n'hébergeant pas d'agrumes. Lors de l'installation des vergers, on veillera à respecter un périmètre de sécurité large de 2 km ou plus, n'hébergeant aucun agrume contaminé et aucun *M. paniculata.* Le respect de ces règles a fait ses preuves en Chine où il permet de prévenir les attaques de HLB-G asiatique. À titre d'exemple, la province de Fujian dispose de 5 parcs à bois établis en zone forestière loin des villages et totalisant 10 000 plants. Ces parcs à bois alimentent une trentaine de pépinières agréées. Lorsque cette règle des 2 km n'est pas applicable, il importe d'effectuer, sur les arbres de « cours », hôtes de *D. citri,* des traitements insecticides dans un périmètre équivalent, afin de protéger les vergers adjacents.

En cas de pullulations accidentelles de psylles en jeune verger, il convient d'intervenir immédiatement par des pulvérisations de diméthoate, de monocrotophos ou d'endosulfan, d'identifier l'origine du (ou des) foyer(s) et de prendre les mesures de traitement ou d'éradication qui s'imposent. Le début de la saison chaude en Asie (avril-mai) doit être surveillé de près car il constitue l'époque de plus forte pullulation de *D. citri.*

Chlorose variéguée des agrumes

Cette maladie occasionnée par une bactérie du xylème, *Xyllela fastidiosa,* a fait son apparition au Brésil, dans le sud du Minas Gerais, il y a quelques années. Elle s'est répandue dans l'état de São Paulo, où elle occasionne des dommages sur les plantations d'orangers (Beretta et Derrick, 1997).

Trois vecteurs du groupe des cicadelles sont présumés transmettre la maladie en pépinières et en jeunes vergers : *Dilobopterus costalimui, Acrogonia terminalis* et *Oncometoptia* sp.

Ces vecteurs, polyphages, peuvent constituer d'abondantes populations dans les mauvaises herbes. Leur contrôle par des traitements herbicides ou par la pratique de sarclages, combinés à des pulvérisations d'insecticides correctement ciblées, représente une stratégie de lutte préventive à encourager (Garcia *et al.*, 1997).

Surgreffage

Le surgreffage est pratiqué avec une nouvelle variété lorsqu'il est souhaitable de réorienter la production d'un verger déjà constitué, sans avoir à engager des frais d'arrachage et de replantation. Cette opération permet également d'écourter de 4 à 5 ans la montée en production de la nouvelle variété replantée. C'est une technique utilisée depuis longtemps dans les pays méditerranéens, notamment en Espagne. Le surgreffage doit être entrepris sur des arbres en excellente vigueur, sinon il ne peut réussir. Ainsi, des agrumes affaiblis par des maladies à virus ou à procaryotes ne pourront pas être surgreffés et les baguettes de greffons utilisées devront être indemnes de maladies transmissibles par la greffe.

Différentes méthodes peuvent être recommandées.

Surgreffage à l'œil et ses variantes

Cette méthode est fréquente en Espagne, et certains agrumiculteurs la pratiquent dès qu'une nouvelle variété est mise en circulation, soit, en moyenne, tous les 7 à 8 ans sur un même verger. Cette fréquence présente toutefois des risques importants de contaminations accidentelles par des maladies virales.

Au cours de la taille annuelle précédant le surgreffage, il convient d'éliminer le quart des grosses branches, pour ne conserver que les 4 ou 5 charpentières les mieux placées. Le but sera de reconstituer la frondaison de l'arbre avec le nouveau cultivar retenu.

Le surgreffage à l'œil se pratique avec deux variantes.

Surgreffage à l'œil sur arbres adultes

Sur les branches charpentières les mieux exposées, l'écorce est incisée en forme de « I » et un carré d'écorce de 3 à 4 cm de côté portant un œil de la variété nouvelle y est incrusté (figure 38). Une ligature (en raphia ou plastique) est effectuée. Il faut opérer en pleine sève, c'est-à-dire en mai ou juin en zone méditerranéenne. Cette pratique est très courante en Espagne où elle est appelée greffe « *à la plancha* ».

Surgreffage à l'œil, adapté aux jeunes arbres

Habituellement, après la pousse de printemps, des rejets vigoureux poussent en grand nombre sur les charpentières conservées. En cours de végétation, les pousses en surnombre sont éliminées pour ne conserver que deux rejets vigoureux et bien situés. En septembre, la variété nouvelle est greffée sur des rejets par la technique de l'écusson à œil dormant. Au printemps suivant, l'onglet est rabattu et la greffe est palissée au fur et à mesure de son développement.

L'avantage de ce système est qu'il permet de conserver une partie de la frondaison à surgreffer. Ainsi pendant deux ans, la récolte de l'ancienne variété est partiellement conservée. Au cours de la deuxième année qui suit le début du surgreffage, une partie des nouvelles greffes peuvent assurer, déjà, 1/3 de la récolte. En troisième année, il faut supprimer toutes les branches non sur-greffées. Après quatre années, l'arbre a repris un volume proche de son volume initial et la perte globale de récolte a été limitée à celle d'une seule campagne de production.

Cette technique convient bien aux arbres de petite taille. Pour les arbres dont le volume de la frondaison est plus important, les pertes peuvent porter sur 2 campagnes.

Après un surgreffage de ce type, l'arbre se retrouve être un « assemblage » de trois variétés, la circulation de la sève pouvant être limitée par un phénomène de « sandwich », et son volume reste modeste.

Figure 38. Surgreffage selon la technique espagnole dite « à la plancha » : greffage d'un carré d'écorce en période de pleine sève. À ce stade, les branches de la variété qui doit être remplacée commencent à être élaguées.

Surgreffage en couronne

Sur charpentière

Cette technique est pratiquée en région méditerranéenne. Au printemps (en avril), les arbres à surgreffer sont préparés en taillant 3 ou 4 branches charpentières et en ménageant, dans le milieu de l'arbre, une ou deux branches, pour jouer le rôle de tire-sève.

Au moment du greffage, un rabattage est pratiqué à 1 m du sol, sur les branches à surgreffer. Sur la coupe rafraîchie, l'écorce est incisée de façon à introduire les greffons taillés en biseau et portant de 3 à 4 yeux. À l'opposé du biseau, un œil sera enchâssé dans la fente et sous l'écorce, afin de conserver une ultime chance de reprise en cas de dépérissement des autres yeux du greffon. Suivant le diamètre de la branche, il est d'usage de poser 2 à 3 greffons (figure 39). Les greffes sont ligaturées et enduites de mastic, en recouvrant soigneusement toutes les parties exposées à la pénétration de l'eau. Il en est de même pour les fentes et les coupes des branches.

Le greffon est protégé par un papier paraffiné. Le départ en végétation des greffes est surveillé pour dégager les capuchons de papier paraffiné si nécessaire. Dès que les greffes atteignent 20 cm de haut, elles sont pincées deux à trois fois au cours de l'été pour favoriser leur ramification.

Les greffes reprises devront être tuteurées. Les branches tire-sève sont supprimées la deuxième année, mais elles donnent, entre-temps, une récolte non négligeable.

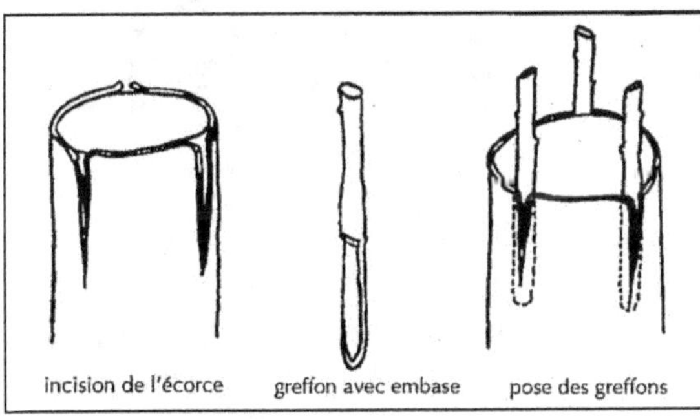

Figure 39. Principe du surgreffage en couronne.

Sur le tronc (pour arbres adultes)

La technique pratiquée en Israël et en Uruguay ne peut se pratiquer qu'une seule, ou à la rigueur, deux fois dans la vie du verger. Elle consiste à rabattre le tronc au niveau de la ligne de greffe et à poser 8 à 12 baguettes de greffons (figure 40). Ce procédé nécessite un chantier de surgreffage très rigoureux.

Soins après le surgreffage en couronne

Pour éviter les brûlures du soleil aux arbres surgreffés, les troncs et les charpentières doivent être badigeonnés abondamment à la chaux (figure 41). Si nécessaire, ce traitement sera renouvelé. Puis, pour faciliter la croissance, les greffes sont ébourgeonnées et attachées.

a) Section à la scie mécanique du tronc de l'ancienne variété.

b) Pose de 10 à 12 greffons de la nouvelle variété choisie.

c) Désinfection de l'aubier avec un ammonium quaternaire et protection du tronc greffé par une gaine plastique.

d) Recouvrement des greffes au papier kraft pour éviter les coups de soleil. Les troncs seront progressivement découverts au bout d'un mois.

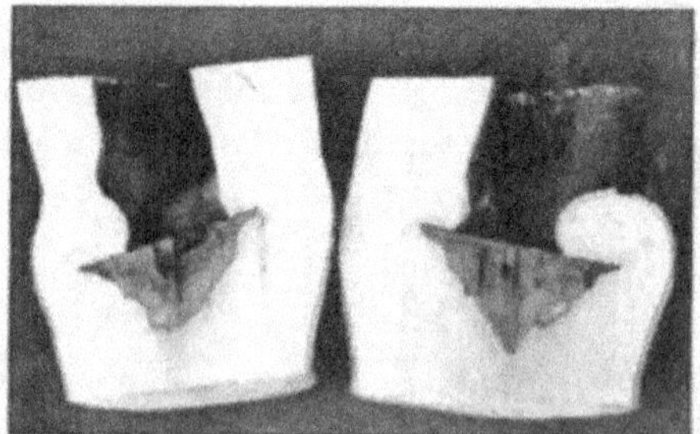

e) Coupe de tronc 2 ans après le surgreffage, montrant la soudure des différents greffons entre eux ; ils constituent alors un nouveau tronc.

f) Aspect d'un verger surgreffé, 2 ans après le changement de variété.

Dix mois après le surgreffage, les ligatures sont éliminées pour éviter les étranglements et limiter les repousses de l'ancienne variété.

Le surgreffage en couronne présente quelques inconvénients. Outre une consommation plus importante de greffons et donc d'aléas plus nombreux à la reprise, il n'assure pas de récolte pendant quelques campagnes, surtout s'il est pratiqué sur de grands arbres. En revanche, le surgreffage à l'œil sur rejet (2e variante) présente l'avantage d'assurer une production minimale pendant la période transitoire et garantit une meilleure reprise des greffons. Il convient mieux pour les vergers plantés en forte densité avec de petits arbres.

Figure 41. Stade de reconstitution de la couronne de l'arbre avec la nouvelle variété surgreffée par la technique « à la plancha ». Le tronc est protégé contre les coups de soleil par un lait de chaux.

Bibliographie

Aubert B., Quilici S., 1983. Nouvel équilibre biologique observé à La Réunion sur les populations de psyllidés après l'introduction et l'établissement d'hyménoptères chalcidiens. *Fruits* 33 (11) : 771-780.

Aubert B., 1989. Culture du mandarinier à ultra-haute densité en assolement avec la rizière inondée dans la région de Shantou (Guangdong, Chine). *Fruits*, 44 (2) : 67-72.

Aubert B., Garnier M., Bove J.-M., Bertin Y., 1988. Citrus greening disease survey in East and West African countries South of Sahara. *In :* Proceedings of the X IOCV Conference, Valence, Espagne, November 1986. USA, University of California, L.W. Timmer, S.M. Garnsey et L. Navarro ed., p. 231-237.

Beretta J., Derrick K.S., 1997. Control measures for citrus variegated chlorosis. *In :* Proceedings of the V ISCN Congress, March 1997, France, Montpellier. Cirad-Flhor ed.

Garcia A., Cati N.P., Beretta J. 1997. Population survey of leaf hopper vectors of *Xylella fastidiosa* in citrus nurseries. *In :* Proceedings of the V ISCN Congress, March 1997, France, Montpellier. Cirad-Flhor ed.

Koo R.C.J., Malavolta E., Marchal J., 1992. Citrus. *In :* IFA-WORLD fertilizer use manual. Paris, France, B.J. Halliday, M.E. Trenkel ed., International Fertilizer Industry Association, p. 365-376.

Mademba-Sy F., Delvaux B., 1990. Profils culturaux d'enracinement et aspects de l'arbre en vergers de limettiers à la Martinique. *Fruits* 45 (3) : 273-280.

Mademba-Sy F., Godefroy J., Cao-Van P., 1992. Aménagement et gestion d'un verger d'agrumes en région tropicale humide. Étude des profils culturaux et des coûts. *Fruits* 47 (spécial agrumes) : 255-267.

Quilici S., Lasalle V., Kurtz C., Franck A., 1997. Preliminary studies of indigenous parasitoids of the citrus leaf miner *Phyllocnistis citrella* (Stainton) *Lepidoptera gracilliideae* in La Réunion. *In :* Proceedings of the V ISCN Congress, March 1997, France, Montpellier. Cirad-Flhor ed.

Rabe, 1993. Trends in Citrus spacing. *In* : Proceedings of the IVe World Congress of ISCN, June 1993, Johannesburg, South Africa. Stellenbosch, South Africa, E. Rabe ed., p. 358-366.

Annexe IX - Échantillonnage de sol en verger d'agrumes, pour évaluer la fertilité d'une parcelle

- **Outil de prélèvement :** il est constitué d'une tarière de 50 cm de long, munie d'un manche. La tarière peut être constituée d'un tuyau galvanisé de 30 mm de diamètre dont on a sectionné longitudinalement un des côtés (schéma a).

- **Prélèvement des carottes :** le principe est de prélever 30 carottes par parcelle à évaluer, en répartissant régulièrement les points de prélèvement (schéma b). Chaque prélèvement est effectué jusqu'à 50 cm de profondeur. Lorsqu'il s'agit d'évaluer la fertilité d'un verger déjà planté, il est conseillé de prélever les 30 carottes à 1 m du tronc à raison d'une carotte par arbre.

- **Collecte du sol :** le sol remonté dans la carotte est prélevé en séparant soigneusement l'horizon 0-25 cm de l'horizon 25-50 cm. Les deux fois 30 échantillons sont regroupés en deux tas, un par horizon.

- **Séchage** : les échantillons sont mis à sécher à l'air en les émiettant, dès leur prélèvement.

- **Tamisage :** un tamis de maçon de 40 cm de diamètre et comportant une maille de 4 mm est utilisé. Le poids de refus au tamis est pesé pour évaluer le pourcentage d'éléments grossiers :

$$\% \text{ éléments grossiers} = \frac{\text{Poids du refus au tamis} \times 100}{\text{Poids de terre fine} + \text{éléments grossiers}}$$

- **Homogénéisation :** l'échantillon tamisé et séché est versé sur une surface plane et divisé en quatre (règle des 4/4) en traçant au doigt deux lignes perpendiculaires (schéma c). Les quatre sous-échantillons ainsi délimités sont remélangés par regroupement en diagonale. L'opération est répétée dix fois.

- **Conditionnement en sachets :** chaque échantillon de sol est mis dans un sac en plastique (350 à 400 g), correctement étiqueté et numéroté, puis référencé sur une liste d'échantillonnage avec indication de la parcelle, nom de lieu, date de prélèvement. Cet échantillon est envoyé au laboratoire d'analyse. Il est d'usage de toujours garder un double de chaque échantillon de terre (de 500 g environ) pour refaire une expédition en cas de perte d'échantillon. La fiche d'échantillonnage est envoyée par lettre avec les indications concernant le type d'analyse à effectuer. Une copie de la liste est jointe dans le colis de sol qui sera expédié.

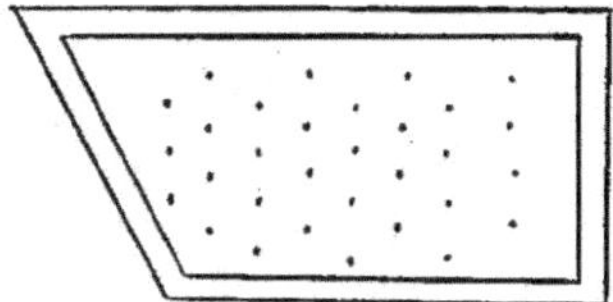

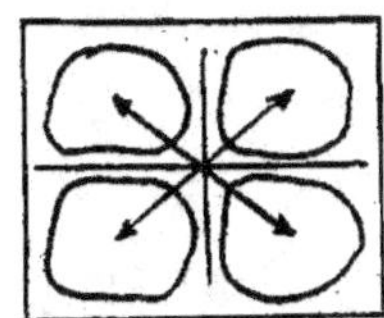

a) Tarière utilisée pour le prélèvement d'échantillons de sol à analyser.

b) Répartition des 30 points d'échantillonnage de sol à l'intérieur d'un périmètre de bordure en verger d'agrumes.

c) Homogénéisation d'un échantillon de sol par la règle des 4/4.

Annexe X - Échantillonnage foliaire pour contrôler le niveau de nutrition minérale d'agrumes

Le prélèvement de feuilles effectué pour établir un diagnostic foliaire doit être fait en respectant certaines règles :

• Les parcelles de verger étant bien identifiées, on veillera à ne pas mélanger les combinaisons porte-greffes/variétés si le verger est établi sur différents porte-greffes.

• Des feuilles adultes, âgées de 4 à 10 mois environ et provenant de la pousse principale de l'année seront prélevées séparément :
  – soit sur rameaux fructifères,
  – soit sur rameaux non fructifères ;

• Elles seront prises en périphérie de la frondaison, à hauteur d'homme et sur plusieurs arbres.

• L'échantillon comportera 100 feuilles environ, indemnes d'attaques parasitaires et prélevées à raison de 4 feuilles par arbre prises aux 4 points cardinaux sur le pourtour de la couronne. Les feuilles des deux types de rameaux sont regroupées dans deux sacs correspondants chacun à leur mode de prélèvement respectif.

• Chaque lot de feuilles est lavé à l'eau distillée dans les délais les plus brefs après leur prélèvement (sans le laisser séjourner dans l'eau), puis essoré et mis à sécher à une température ne dépassant pas 70 °C.

• Si les feuilles ne peuvent être lavées et séchées immédiatement, elles seront conservées dans un réfrigérateur ou expédiées immédiatement par courrier express en les enfermant dans un sachet de plastique vidé de son air et fermé hermétiquement.

• Les sachets expédiés au laboratoire doivent être soigneusement étiquetés individuellement en mentionnant le nom de la parcelle, le lieu, la variété, la date de prélèvement.

Annexe XI – Principe des éclosoirs pour détecter la présence des insectes auxiliaires ou parasites en verger d'agrumes.

La mise en place d'un programme de lutte intégrée contre les ravageurs repose en grande partie sur l'action des insectes auxiliaires notamment des prédateurs et surtout des parasites. Leur présence peut être révélée par l'utilisation d'éclosoirs constitués de boîtes en carton munies, sur un côté, d'entonnoirs auxquels sont fixés des tubes en verre (schéma a).

Les feuilles d'agrumes colonisées par des larves de ravageurs sont placées dans l'éclosoir. Les parasites qui émergent sont attirés par la lumière et viennent se loger dans les tubes. Ils peuvent être récupérés par un aspirateur à bouche (schéma b).

Les individus ainsi collectés sont placés dans des petits récipients remplis d'alcool à 70° avant d'être expédiés pour identification à un laboratoire spécialisé.

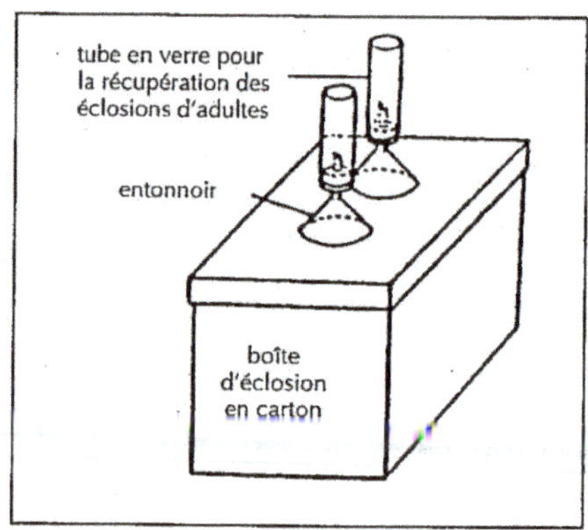

a) Boîte d'éclosion des parasites.

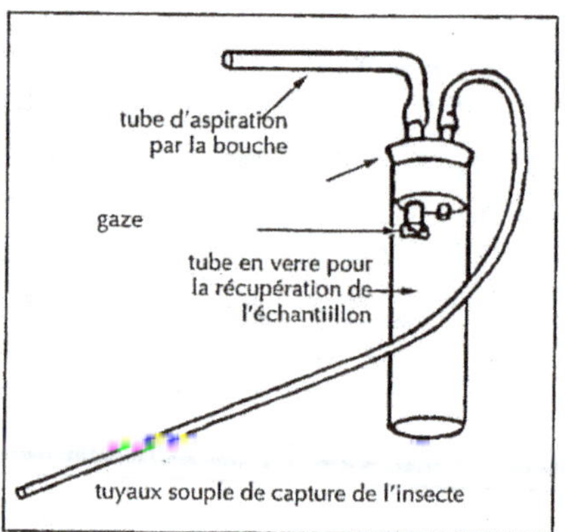

b) Aspirateur à bouche permettant la capture des insectes présents en verger d'agrumes.

8

Les agrumes d'ornement

Comme évoqué au début de l'ouvrage, la culture des agrumes en Europe et dans l'occident méditerranéen était liée, à l'origine, à l'architecture religieuse ou urbaine. La tradition s'est maintenue jusqu'à nos jours dans les orangeries, avec l'utilisation de techniques d'élevage en conteneurs de grande capacité qui seront présentées dans ce chapitre.

Mais, au cours de ces toutes dernières années, une nouvelle vogue est apparue avec la vente de miniplants d'agrumes proposés en pots de 1,5 à 2 l dans les jardineries. Cette tendance, lancée par les fleuristes hollandais, également promoteurs de la vente de plantes naines en «bonsaï», mettait subitement à la portée du grand public les agréments d'un *jardin des Hespérides* miniature, par la mise sur le marché de petits plants d'agrumes ayant précocement atteint le stade de la floraison et de la fructification.

En conséquence, des techniques de pépinières ou d'entretien spécifiques ont été mises au point pour maîtriser le cycle de végétation, à la fois des plantes d'orangerie et de celles recherchées pour la décoration en appartement.

La culture des agrumes en orangerie

Deux méthodes traditionnelles seront évoquées, celle des Médicis à Florence avec les exemples du palais Castello et du jardin Boboli, et celle de la cour des rois de France avec les exemples du palais du Luxembourg et de Versailles.

Les orangeries des Médicis

Historique

En 1549, Éléonore de Tolède, épouse du duc Côme Ier de Médicis, achetait à la famille Pitti un vaste domaine situé au sud de la ville de Florence sur les rives de l'Arno, en face du *Pont des Orfèvres*. Le lieu-dit appelé Bouboulât, nom dérivé du mot «boschive» désignant un bosquet d'espèces à feuilles persistantes, s'étendait sur plus de 150 ha.

À l'époque, les Médicis disposaient déjà, au nord-ouest de la ville, des jardins du palais Castello. Mais ils souhaitaient démontrer, sur une plus grande échelle et avec éclat, leur passion pour la nature disciplinée, telle que la concevait la Renaissance, avec un déploiement de l'espace et la définition de nouveaux accords dans les éléments de vision. Dans cet esprit, Laurent le Magnifique, petit-fils de Côme Ier, confia l'aménagement du parc aux architectes Ammannati et Buontalenti qui dessinèrent des espaces orthogonaux et aménagèrent des bassins et canaux.

À la demande du souverain, ils dessinèrent, à l'extrémité d'une longue allée de cyprès, un *jardin des Hespérides* installé sur une île en forme ovale et destiné à recevoir des bigaradiers, citronniers, cédratiers et orangers, cultivés en vases de *terra cotta*. L'endroit était conçu comme un jardin secret, caché à la vue des visiteurs, c'est-à-dire en totale opposition avec ce qui sera proposé par l'école française de Versailles avec Mansart et Le Nôtre.

Techniques culturales et collections

Les plants issus de marcottes ou de boutures étaient cultivés dans une terre sableuse filtrante. Le conteneur en *terra cotta* rendant difficile les opérations de replantation, conduisait à ne cultiver que des arbres de petit ou moyen gabarit. Aujourd'hui, le jardin du palais Castello dispose d'une trentaine d'accessions, certaines fort anciennes, représentant un effectif de quelque 400 plants.

Une caractérisation effectuée récemment par la technique des isozymes a permis de déterminer l'origine de certains de ces plants. Le fameux bigaradier *Citrus aurantium* cv. *bizzaria* serait une chimère de citronnier et bigaradier, *Citrus pomum adami* à gros fruit serait issu d'une hybridation entre oranger et pamplemoussier et, enfin, *Citrus sinensis otaitensis* serait un hybride entre l'oranger et, probablement, le cédratier (Aubert *et al.,* 1997). Ces espèces ont été répertoriées dans l'inventaire de Galletti (1996)

Aujourd'hui, la pépinière Tintori de Pescia, près de la ville de Luques en Toscane, constitue un bel exemple de remise à jour de l'héritage des Médicis en matière d'agrumes d'ornement.

L'orangerie française

Origine

L'orangerie du Jardin du Luxembourg est, avec celle d'Amboise, créée par Charles VIII au retour de sa campagne d'Italie, l'une des plus anciennes de France. Installée à partir de 1615 probablement sur une décision de Marie de Médicis, épouse de Henri IV, elle fut la première du genre à rassembler autant d'arbres adultes en un seul jardin (plus de 250 pieds d'orangers, citronniers ou limettiers). Les maîtres jardiniers de l'époque avaient donc été amenés à s'approprier les techniques de culture et d'entretien héritées du palais Pitti de Florence, ville natale de Marie de Médicis, qui avait fourni, grâce à l'intendant Mercoliano attaché au jardin Boboli, les premiers plants d'agrumes aux rois de France (Tolkowsky, 1938).

En 1646, Ferrari rendait hommage à l'ingéniosité des jardiniers français parvenus à trouver le moyen de conserver, sur une très longue durée, « *des orangers, dans des contrées hostiles à leur croissance »*. Un des exemples les plus célèbres est l'histoire du bigaradier appelé *Grand Connétable* qui, semé à Pampelune en 1421 et confisqué par François Ier parmi les biens du Connétable de Bourbon, fut installé à l'orangerie de Fontainebleau, puis de Versailles où il mourut en 1894.

Le système de décaissage et rencaissage imaginé par de La Quintinye était destiné à « *loger les racines au large* » au fur et à mesure du développement des arbres. Cet objectif a été atteint grâce à la mise au point de caissons et d'un substrat d'enracinement adapté. Au suivi régulier des fumures, irrigations, tailles et contrôles des maladies, venaient s'ajouter les transferts saisonniers en orangerie pour l'hivernage, l'ensemble de la caisse, de son substrat et de l'arbre pouvant peser 3 t et plus.

Le conservatoire du jardin du Luxembourg a su préserver ces traditions prestigieuses tout en leur apportant divers perfectionnements hérités des techniques modernes. Avec l'orangerie de Versailles, il constitue encore aujourd'hui un modèle de référence pour certains pépiniéristes spécialisés, comme les établissements Fourny en Corse qui s'intéressent à la réhabilitation des orangeries de châteaux ou de demeures seigneuriales.

Collections du palais du Luxembourg et de Versailles

Historique

Les collections maintenues dans les orangeries des jardins du Luxembourg et de Versailles ont été périodiquement mises à jour et répertoriées. Celle du jardin du Luxembourg est intéressante, car elle n'a pas subi d'abandon momentané analogue à celui survenu à Versailles au moment de la première guerre mondiale (1914-1918).

Un premier inventaire des orangers de l'hôtel du Petit Luxembourg est l'œuvre de deux notaires, Lebève et Husson, qui, en 1675, avaient été chargés de répertorier les biens de la duchesse d'Aiguillon à l'occasion de son décès. Nièce de Richelieu, celle-ci résidait au Luxembourg, en 1630, au moment de l'exil de Marie de Médicis. Les orangers cultivés en caisse présentaient, alors, suffisamment de valeur pour mériter d'être mentionnés, de façon détaillée, dans cet acte notarié. Au total, 289 plants avaient été ainsi inventoriés. L'âge approximatif des arbres pouvant être déduit de la valeur nominale de chaque plant, exprimée en livres et soles de l'époque, plusieurs dizaines d'entre eux, provenant, sans doute, directement de Florence *via* un court séjour à Amboise, se révélaient être âgés, alors, de 50 à 80 ans. Les autres sujets, plus jeunes, résultaient d'une multiplication effectuée sur place, peut-être à la demande de Marie de Médicis (tableau 21). Par ailleurs, quelques plants de lauriers roses, grenadiers et jasmins figuraient en marge de ce premier inventaire « agrumes ».

Un second inventaire détaillé date de 1816. Il nous a été transmis par Alexandre Hardy, « premier jardinier » au jardin de la « Chambre des pairs », le palais du Luxembourg ayant hébergé le Sénat dès 1795. Il fait état de 210 plants d'agrumes et d'une cinquantaine d'autres espèces méditerranéennes (jasmins, lauriers, grenadiers, etc.).

Tableau 21. Détail de deux anciens inventaires de l'orangerie du jardin du Luxembourg (d'après les archives du conservatoire du jardin du Luxembourg).

Espèce	Inventaire 1675	Inventaire 1816	
Orangers ou bigaradiers			
plus de 80 ans	26*	42*	5**
de 20 à 80 ans	116*	29*	81**
de moins de 20 ans	65*	7*	30**
Citronniers			
plus de 80 ans	5	2	
de moins de 80 ans	8	4	
Limettiers			
plus de 80 ans	2	-	
de moins de 80 ans	13	4	
Sauvageons	6	2	
Lauriers	39	34	
Grenadiers	3	6	
Jasmins	6	1	
Autres	-	5	

*   Plants étiquetés orangers

**   Plants étiquetés bigaradiers

(L'inventaire de 1675 ne porte aucune mention de bigaradiers).

Collections

Aujourd'hui, l'effectif des plants d'agrumes du jardin du Luxembourg s'équilibre autour de 160 à 180 plants. Les plus beaux sujets qui ornent la façade principale du palais du Sénat (figure 42) sont représentés par des bigaradiers qui semblent appartenir au type « Bouquetier de Nice à fleur double ». Ils présentent toutefois une moindre accentuation des caractères tératologiques : les étamines sont moins nombreuses et moins fréquemment transformées en pétales. Des analyses d'isozymes ont montré que ces plants appartiennent bien à l'espèce *Citrus aurantium* L. (Aubert *et al.*, 1997). Chapot (1964), qui avait introduit au Maroc des greffons de ces arbres, a estimé que leur phénotype se rapprochait de celui du bigaradier Grand Bourbon ou Grand Connétable décrit par Risso et Poiteau (1818). Cette lignée de bigaradier, identifiée dans les inventaires des collections privées italiennes par Riccobono (1899) et Inzenga (1915), semble être la plus communément utilisée dans l'architecture paysagère.

L'autre orangerie de prestige située également en région parisienne est celle du château de Versailles. Elle compte 690 agrumes étiquetés et répertoriés sur fichiers individuels ainsi qu'un nombre à peu près similaire de palmiers, grenadiers ou autres plantes méditerranéennes.

La collection de l'orangerie de Versailles a fait l'objet de quelques caractérisations par marqueurs génétiques (isozymes) qui ont montré que la Poire du

Commandeur appartenait au groupe des pamplemoussiers et que, curieusement, un pamplemoussier (le numéro 6 de la collection) présentait des jeunes pousses légèrement colorées par des anthocyanes, alors que ce caractère est habituellement propre aux citronniers et cédratiers.

Figure 42. Bel ensemble de cinq plants adultes de l'orangerie du Luxembourg, placés devant l'horloge du Grand Palais (cliché : Sénat, secrétariat général de la Présidence).

Techniques culturales

La conduite d'arbres adultes en système hors sol, sur de longues séries chronologiques, suppose la maîtrise de toute une succession d'étapes, souvent très délicates, que doivent s'approprier puis se transmettre les générations successives de chefs de culture : contenant et contenu des bacs de culture, substrats d'enracinement, rencaissage, etc.

Contenant

Le contenant type est la « caisse d'orangerie » de forme cubique, de 0,60 à 1,40 m de côté selon l'âge des arbres, comportant une solide armature en fonte ou en fer, surmontée par quatre pieds d'angle (figure 43) et qui reçoit un plancher et des panneaux latéraux en chêne ou en châtaignier. Les panneaux latéraux sont « à guichet » pour permettre de visiter périodiquement le système d'enracinement et faciliter les travaux dé décaissage et rencaissage. Le bois des caisses est renouvelé tous les 12 ou 15 ans pour les plantes adultes (Vidale et Meudec, 1992).

Substrat

Le substrat type utilisé au jardin du Luxembourg est un mélange de 1/3 de terre franche légère, 1/3 de terre de bruyère et 1/3 de terreau de couche composté, ce dernier étant lui-même un mélange de feuilles de jardin et de fumier de cheval. Au fond de la caisse, sont placés des carreaux de plâtre de 3 cm d'épaisseur qui agissent comme régulateur d'humidité. Un lit de poteries cassées, de 10 cm d'épaisseur, est ensuite installé entre ce plâtras et le substrat (figure 43).

Rencaissage

Le rencaissage doit permettre d'offrir à la plante le volume de substrat optimal compte tenu de son âge, sans toutefois la laisser prendre trop de vigueur. Le but, en effet, est de parvenir à une frondaison en boule bien équilibrée. Les rencaissages sont effectués tous les 10 à 15 ans pour les arbres adultes et tous les 5 à 6 ans pour les jeunes arbres. Le compost est très énergiquement tassé avec des spatules, mais seulement contre les parois de la caisse. Il faut arroser copieusement, mais très lentement, en laissant couler un filet d'eau pendant 3 ou 4 heures (Vidal et Meudec, 1992).

Rentrée et sortie des plantes

Les plantes sont rentrées en orangerie pendant le mois d'octobre et sorties en début mai. Le transport est effectué avec un transpalette ou un fardier. Le positionnement de chaque caisse doit être soigneusement étudié. Au jardin du Luxembourg, d'une année sur l'autre, l'exposition sud de chaque couronne est alternée (rotation de 180° par rapport à l'exposition de l'année précédente), aussi bien dans l'orangerie que dans le jardin.

Fumure et irrigation

La fumure se fait en une seule fois au mois d'avril et consiste à appliquer 100 g d'engrais 10-8-18-4, en formulation NPKCa, par 10 cm de profondeur de caisse. Un complément en oligoéléments serait à prévoir pour affiner la coloration du feuillage. L'irrigation est apportée deux fois par semaine en été et une fois par mois seulement ou, toutes les trois semaines, en hiver, lorsque les arbres sont rentrés dans l'orangerie.

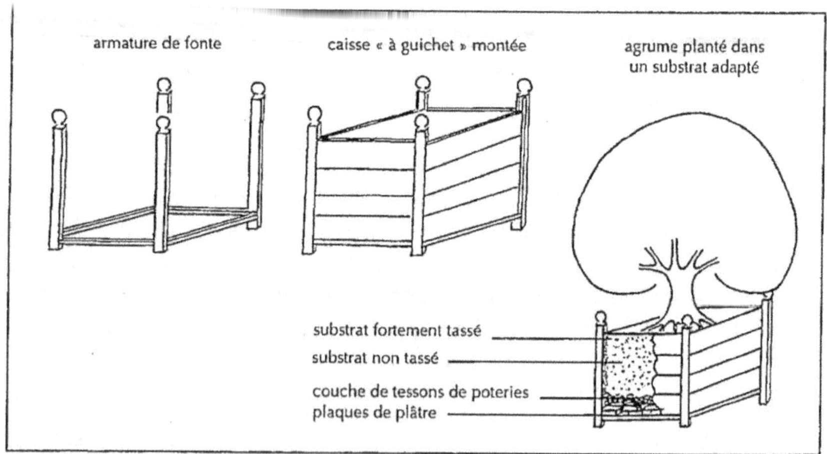

Figure 43. Contenant et substrats utilisés en orangerie.

Taille

La taille est effectuée très régulièrement pour conserver un port en boule aussi uniforme que possible. Cela conduit pratiquement à éliminer les fruits et une partie des fleurs.

Ravageurs

Le contrôle des ravageurs peut être assuré par des applications d'aldicarbe.

L'utilisation de soufre mouillable, de type microthiol à 400 g/hl, doit être envisagée en été pour contrôler les attaques d'acariens. Sur agrumes, cette formulation de soufre est compatible avec les huiles blanches de pétrole (type Citrole©) qui ont un effet asphyxiant. Il faut toutefois bien mouiller le feuillage : traitement à goutte tombante (10 à 12 l/arbre) qu'il est préférable d'effectuer en fin d'après-midi pour éviter d'éventuelles brûlures foliaires.

Maladies

Les attaques de *Phytophthora* au niveau du tronc et des branches peuvent être contrôlées par une pulvérisation de foséthyl-aluminium (Aliette) à raison de 30 g/10 l de solution. Le traitement a lieu à titre préventif au début de l'été, quelques semaines après la sortie des plants, avant la première taille.

Développement du miniplant d'agrume en pot

Généralités

C'est vers la fin des années 1980 que le miniplant d'agrume en pot de 1,5 à 2 l fraisait son apparition. La mode, lancée par les fleuristes américains et hollandais, a pris très vite de l'importance pour diverses raisons :

• L'espèce proposée à la vente est le calamondin dont les fruits, très colorés, tiennent longtemps sur l'arbre après avoir atteint le stade de la maturité physiologique. Les plants sont issus de marcottes aériennes, les marcottières étant, au départ, installées en Floride.

• L'originalité consiste à mettre sur le marché des plants de très faible encombrement, mais déjà porteurs de fleurs et/ou fruits. Ils s'intègrent, de ce fait, dans la vogue déjà bien établie du bonsaï.

• Ce nouveau « produit » a pu être rapidement distribué de façon abondante en jardinerie, puis en supermarchés, notamment auprès des importantes communautés asiatiques d'Amérique du Nord (États-Unis et Canada) ou d'Europe. En effet, il est de tradition en Asie, Chine et Vietnam surtout, que chaque foyer domestique possède un agrume avec fruits, au moment du nouvel an chinois. La famille s'attire ainsi des gages de prospérité pour l'année à venir. Par extension, ce marché a touché aussi les acheteurs occidentaux (époque printanière de la fête des mères ou époque automnale), les agrumes exhalant des parfums évocateurs.

• La production de miniplants d'agrumes a suivi la demande grâce à la mise en place de nouvelles techniques de propagation et d'amplification :

– **marcottage aérien** du calamondin développé dans certaines pépinières de Floride et en Amérique centrale ;

– **greffe de bouture semi-herbacée** développée par certains pépiniéristes français sur rosiers, puis sur agrumes (pépinières Rey et Garcin), voisine d'une technique

Inra mise au point à l'origine sur la vigne. Ce système permet d'accélérer le déclenchement de la floraison tout en offrant un important cœfficient d'amplification.

En quelques années, la demande en miniplants d'agrumes sur le marché européen est passée de 0,2 à 2 M de pots. Pour des raisons de protection phytosanitaire, la Floride et certains pays d'Amérique centrale (Honduras, Costa Rica) n'ont pas obtenu la dérogation d'exporter sur l'Europe lorsque fut appliquée, en 1992, la règle communautaire interdisant l'entrée de plants d'agrumes en provenance de pays tiers.

Parmi les organismes de quarantaine mis en cause vis-à-vis de ces pays, il faut citer :
– les souches sévères de tristeza endémiques sur le continent américain,
– le chancre citrique, notamment la forme *Xanthomonas axonopodis* pv *citrumelo*,
– le blight,
– *Radopholus citrophilus*, nématodes des agrumes,
– *Toxoptera citricidus*, le puceron brun des agrumes,

ainsi que divers organismes de qualité : *Phyllocoptruta oleivora, Diaprepes abbreviatus, Elsinoe fawcettii*.

De même, un producteur d'Israël (pépinières Getzler), ayant soumis une demande de dérogation pour acheminer ses agrumes ornementaux sur l'Europe, est en attente d'autorisation.

Aujourd'hui donc, la France, l'Italie et le Portugal sont les trois pays qui approvisionnent l'essentiel du marché européen de miniplants d'agrumes en pot.

Choix des cultivars

L'objectif recherché est de produire un miniplant dont les feuilles et les fruits puissent tenir assez longtemps. Peu de variétés se prêtent au commerce de miniplants, car elles sont trop sensibles aux phénomènes de défoliation ou de chute de fruits, consécutifs à des changements d'éclairage, de température ou d'alimentation hydrique. Il n'en reste pas moins que le miniplant d'agrume demeure un produit éphémère «de consommation» en raison du faible rapport volume de racines/volume de frondaison, et, qu'à ce titre, il se renouvelle très vite auprès des acheteurs.

Trois groupes de cultivars sont privilégiés :

• Les **citrons et limes** constituent un groupe pour lequel la technique de propagation la plus courante est la minibouture feuillée. Le citron Meyer est surtout produit au Portugal et la lime Lavalette, qui est une lime triploïde à bonne tenue du feuillage et du fruit, est une spécialité des pépinières Rey. Allemand (com. personnelle), du centre Inra d'Antibes en France, a montré que la lime mexicaine peut donner de bons résultats lorsqu'elle est conduite en miniplant d'ornement. Le citron des Quatre-Saisons, quant à lui, est moins utilisé en raison de sa plus grande fragilité et de la difficulté de lui imposer un port en boule;

• Le **calamondin,** ou *Citrus madurensis,* est, en fait, l'espèce qui est à l'origine de la vogue du miniplant en pot. Il a les préférences des Asiatiques en raison de la belle couleur rouge-orangé de ses fruits. Dans les zones urbaines de Chine, de Hong Kong et du Vietnam, il fait partie de la tradition du nouvel an chinois, au même titre que le sapin de Noël en Europe;

Si le calamondin peut être propagé sans trop de difficulté par marcottage aérien, il est plus difficile en revanche de le bouturer. C'est la raison pour laquelle il est généralement propagé par la technique de la greffe de bouture semi-herbacée. Le porte-greffe le plus couramment utilisé est *Citrus volkameriana.* Il existe un calamondin au feuillage panaché, mais il n'a pas pris de développement dans le secteur de l'ornement.

Actuellement, les pépiniéristes seraient intéressés par un cultivar présentant toutes les caractéristiques du calamondin, mais donnant des fruits sucrés comestibles, des petites mandarines, par exemple.

Le calamondin représente environ 80 % du marché du miniplant d'agrumes en pot.

• Le groupe des **kumquats,** qui appartient au genre *Fortunella,* vient avantageusement compléter la place occupée par le calamondin. En effet, il s'agit d'agrumes à floraison plus tardive, dont les fruits ont un aspect voisin du calamondin. Outre les types Marumi et Nagami, la tendance s'oriente à présent vers le Fukushu. Par ailleurs, le limequat, un hybride de lime et de kumquat, fait l'objet de quelques tentatives de production.

Dans le cas du kumquat, comme pour le calamondin, la technique de propagation la plus courante est celle de la greffe de bouture.

Conduite en serre

Cycle de production

Les boutures-greffes ou les boutures feuillées sont préparées en godets, durant la période de mai à juin. La phase d'enracinement est conduite sous système «fog» (brumisation à ultrahaute pression) pendant environ 30 j. Les plantules racinées sont ensuite rempotées dans des conteneurs de 14 ou 18 cm de diamètre, soit de 1,5 à 2 l.

À l'âge de 12 à 14 mois, les plants ont de 30 à 40 cm de haut. En général, un assez faible pourcentage de ces plants fleurit spontanément en octobre-novembre (10 à 15 %). Ces lots, de 18 mois environ, sont alors rapidement mis dans le commerce. L'autre partie est vendue à l'âge de 22 à 24 mois, lors de la floraison printanière qui suit. Il s'agit donc de miniplants de faible encombrement, mais de bonne qualité marchande, pour autant qu'ils soient vendus au stade de floraison/fructification.

Un problème posé aux producteurs concerne l'augmentation du taux de plants aptes à fleurir à l'âge de 18 mois qui pourraient être écoulés au moment des fêtes de fin d'année. Des essais de tailles et de stress hydrique sont en cours pour atteindre ce but.

Il existe un marché pour des plants de plus grande dimension, rempotés une seconde fois dans des pots de 24 cm (4 à 5 l). Ces plants sont vendus à l'âge de 25 à 30 mois, mais à un tarif trois fois plus élevé que ceux de la catégorie précédente.

Le substrat d'enracinement est constitué soit d'un mélange à 50 % de pouzzolane et 50 % de tourbe, soit d'une formule ternaire associant zeolite (1/3), tourbe (1/3) et fibres de coco (1/3).

Équipement de serre

Les plants sont cultivés dans des serres « chapelle » ou des tunnels de 360 m^2 (42 m x 8,5 m). Une serre « chapelle » peut contenir environ 3 000 plants (10 plants au m^2 de surface utilisable). Une allée centrale permet de faciliter les travaux d'entretien (planche VIII, cliché e).

Généralement, ces serres ne sont pas climatisées. En hiver, si les températures sont négatives, les plantes sont recouvertes d'un voile de plastique durant la nuit ; il est retiré dans la journée. Pour éviter que les températures maximales ne soient trop élevées en été, le film de plastique est blanchi au temperzan. De nouveaux films, de couleur blanche qui diffuse la lumière, sont de plus en plus utilisés. L'aération est maintenue par ouverture des portes latérales ou d'éventuelles fentes d'aération dans la voûte.

Fumure et irrigation

L'obtention d'un plant ayant atteint le stade de floraison en 18 à 20 mois nécessite une optimisation de l'alimentation hydrominérale. Généralement, une irrigation est appliquée chaque fois que le rayonnement global a totalisé 800 j. Cela revient, pratiquement, à irriguer par nébulisation une fois par semaine en plein hiver et tous les deux jours en été.

L'application d'engrais se fait par voie liquide en incorporant des éléments fertilisants dans l'eau d'irrigation. Le système le plus courant consiste à apporter, en hiver, une nébulisation fertilisante hebdomadaire à 250 ms/m. En été en revanche, les conductivités sont ramenées à 120/150 ms/m, puisque la périodicité d'application est plus fréquente.

Pour réaliser ces traitements, les serres « chapelle » sont équipées de rampes de nébulisation qui courent au-dessus de la frondaison. Ces rampes sont asservies à un système de minuterie.

Perspectives d'avenir

Les estimations concernant le marché européen des miniplants d'agrumes en pot sont en augmentation pour les années 1997 et 1998. Les pays les plus demandeurs sont l'Allemagne, les pays du Benelux, les pays scandinaves, le Royaume-Uni et le nord de la France.

Des essais d'applications phytohormonales combinées à des traitements physiologiques (cycles thermiques, stress hydrique et baisse momentanée de fumure azotée) sont à engager pour arriver à une plus grande maîtrise du cycle de floraison.

Bibliographie

Aubert B., Dambier D., Ollitrault P., Marchal J., 1997. L'orangerie du jardin du Luxembourg, Grand Palais et résidence du Sénat. *Fruits*, (proposé pour publication).

Chapot H., 1964. Les bigaradiers bouquetiers. 1re partie. *El Awamia*, 10 : 55-95.

Ferrari G.B., 1646. *Hesperides sive de malorum aureorum cultura et usu.* Rome, Italie, Hermanni Acheus, 480 p.

Galletti G., 1996. Agrumi in Casa Medici. *In : Il Giardino delle Esperidi, Gli agrumi nella storia, nella letteratura nell'arte arte.* Atti del Ve Colloquio Internazionale Centro Studi Giardini Storici e Contemporanei, Pietrasanta, 13-14 ottobre 1995. A. Taglioni e M.A. Visentini eds., Italie, Florence, Edifir ed.

Inzenga G., 1915. Agrumi siciliani -Tip. Orario delle Ferrovie. Acireale, Sicile, 42 p.

Riccobono V., 1899. Monographia delle specie e varieta di agrumi coltivate nel R. orto botanico di Palermo. *R. ort. Bot. Palermo Bol.* 3 : 141-89.

Risso J.A., Poiteau A., 1818. *Histoire naturelle des orangers.* Paris, France, Audot ed, 74 p. Réédité en 1972, entièrement revu et augmenté d'un chapitre nouveau par M.A. du Breuil. Paris, France, Henri Plou ed., 232 p.

Tolkowsky S., 1938. *Hesperides : a history of the culture and use of citrus fruits.* Londres, UK, John Bale Sons & Curnow, 371 p.

Vidale H., Meudec G., 1992. Plantes de serre et d'orangerie. *In : Le bon jardinier.* Paris, France, encyclopédie horticole, 153e édition, J.N. Burte éd., p. 786-793.

Index

F

fatigue du sol 44, 76, 77

fertirrigation 123, 125, 127, 151

Flying-Dragon 41, 47, 48, 55, 141

forçage sous tunnel 75, 87, 103

fumure minérale 83

G

graines de porte-greffe 24, 30, 37, 87

greffage 12, 24, 27, 34, 45, 46, 47, 48, 51, 57, 64, 65, 74, 87, 89, 90, 91, 93, 94, 95, 96, 100, 104, 105, 109, 118, 158, 159

greffe bouture herbacée 51

H

habillage 85

huanglungbin-greening 27, 30, 38, 51, 65, 67, 102, 111, 112, 139, 156

hybrides somatiques de porte-greffe 38, 42, 43, 47, 48, 50, 55

I

indexation en laboratoire 60

indexation sur plante indicatrice 60, 61

indice de salinité du sol 39

irrigation 15, 23, 37, 38, 39, 42, 82, 86, 87, 88, 91, 96, 97, 103, 105, 107, 109, 113, 115, 120, 122, 123, 124, 125, 126, 133, 134, 136, 150, 151, 152, 170, 174

L

lutte intégrée 164

M

machine à repiquer ou planteuse 78, 80, 103

maladies de dégénérescence 24, 33, 51, 58, 59, 61, 72, 155

mal secco 29, 43, 46, 57, 59, 67, 102, 154

mandarinier Cléopâtre 35, 42, 129

marcottage 51, 171, 173

matériel initial niveau S0 25, 31, 57, 60, 61, 63, 66, 73, 115

matériel végétal de base 9

matériel végétal de prébase 73

microbouturage 33, 52

microgreffage d'apex 18, 31, 59, 60, 61, 73

mycoplasmes 24, 57, 60

N

nested PCR assay 60

niveau S1 26, 30, 75

nivellement du sol 134

O

oïdium asiatique 57, 84

orangeries 15, 16, 165, 167

P

pH 78, 110, 115, 122, 123, 130, 134, 135

Phytophthora sp. 33, 34, 38, 45, 49, 76, 111, 115

pincement 90, 91, 96, 118, 153

piquetage 141, 142

polyembryonie 15, 34, 48, 49, 50, 51, 54, 55

Poncirus trifoliata 35, 41, 42, 43, 44, 45, 47, 48, 50, 54, 84, 85, 90, 135

porosité d'un substrat d'enracinement 119

porte-greffes 11, 18, 23, 27, 30, 33, 34, 37, 38, 42, 43, 45, 47, 48, 49, 50, 51, 54, 63, 64, 69, 78, 83, 87, 88, 93, 100, 103, 105, 109, 110, 116, 118, 122, 123, 129, 130, 134, 135, 136, 139, 140, 141, 163

porte-greffes transgéniques 91

psylles 67, 91, 104, 116, 118, 138, 156, 157

pucerons 47, 91, 104, 116, 118, 155

R

repiquage 44, 45, 75, 76, 77, 78, 80, 84, 85, 86, 87, 90, 96, 104, 109, 116

rotation des parcelles de pépinière 76

royalties 69

S

scab 57, 84, 102

sélection d'un porte-greffe 37, 38, 40

semis 11, 12, 13, 15, 24, 33, 34, 36, 42, 44, 45, 46, 47, 48, 51, 54, 55, 75, 76, 77, 78, 80, 81, 82, 83, 84, 85, 86, 87, 89, 91, 103, 104, 105, 109, 111, 116, 117, 122, 129, 130

sous-solage 134

substrat d'enracinement 16, 104, 109, 110, 116, 119, 174

surgreffage 157, 158, 159, 160, 161

Liste des sigles

AVASA	Agrupacion de Viveristos de Agrios Sociedad Agricola, Castellón, Espagne
BCRI	Biological and Chemical Research Institute, Rydalmere NSW, Australie
CC	Centro de Citricultura, Algarve Faro, Portugal
CCE	Commission des communautés européennes, Bruxelles, Belgique
CCPP	Citrus Clonal Protection Program, Riverside, USA
Cirad-Flhor	Centre de coopération internationale en recherche agronomique pour le développement, Département des productions fruitières et horticoles
CNRGB	Centro Nacional de Recursos Geneticos y Biotecnologia, Brasilia, Brésil
CTA	Centre technique de coopération agricole et rurale, Wageningen, Hollande
CTIFL	Centre technique interprofessionnel des fruits et légumes, France
FAO	Food and Agricultural Organization of the United Nation, Rome, Italie
FCBRP	Florida Citrus Budwood Registration Program, Lake Alfred, USA
FTRS	Fruit Tree Research Station, Tsukuba, Japon
GIAF	Groupement interprofessionnel des agrumes et des fruits, Tunis, Tunisie
GTZ,	Deutsche Gesellschaft für Technische Zusammenarbeit, Eschborn, Allemagne
Inra	Institut national de la recherche agronomique, France
InraT	Institut national de la recherche agronomique de Tunisie, Tunis
IPGRI	International Plant Genetic Resources Institute, Rome, Italie
ISC	Instituto Sperimentale de Citricultura, Catania, Sicile, Italie
ISCN	International Society of Citrus Nurserymen, Uitenhage, Afrique du Sud/ Montpellier, France
ISTC	Institute of Subtropical Crops and Olive, Chania, Crête, Grèce
IVIA	Instituto Valenciano de Investigaciones Agrarias, Valencia, Espagne
OEPP	Organisation européenne de protection des plantes, Paris, France
SACIP	South African Citrus Improvement Program, Port Elizabeth, Afrique du Sud
SODEA	Société de développement agricole, Rabat, Maroc
SRA,	Station de recherches agronomiques, San Giuliano, Corse, France
UCA	Université de Cukurova, Adana, Turquie
UE	Union européenne, Bruxelles, Belgique
UPOV	Union pour la protection des obtentions végétales, Genève, Suisse
VIR	Volcani Institute of Rehovot, Tel-Aviv, Israël

Liste des pépiniéristes ou organisations professionnelles apparaissant dans les illustrations photographiques

Afrique du Sud

Casmar Nursery, P.O. Box 3, Mooinooi	planche V, cliché b
Outspan International, Nursery of Port Elizabeth OFB P.O. Box 12154, Port Elizateth	figure 11

Australie

Tolleys Nurseries PY. Ltd, P.O. Box 2, Renmarks	planche VI, cliché a

Brésil

Fazenda Caprim, Bebedouro, São Paulo	figure 10
Fazenda Sete Lagoas Agricola S.A., Barrio Martinho Prado, Moji-Guacu, São Paulo	planche IV, cliché c

Chine

Vergers communaux de Minho, Fuzhou, Fujian	planche VII, cliché a

Espagne

Alcanar Viveros, Jean Maragall, 43530 Alcanar, Tarragona	figure 25, planche IV, cliché e
Valencia Viveros, Carretera Valencia Barcelona km 131 Peniscola, Castellón	planche IV, cliché b
Vivercid Viveros, Camino Fosa del Pastor, 12580 Benicarlo	figure 18, planche IV, cliché a planche V, cliché c
Agrupación de Viveristas S.A. AVASA Apo de Correos n° 20, 12570 Alcala de Chivert	planche IV, cliché d

France

Orangerie du château de Versailles	figures 4, 5
Orangerie du palais du Luxembourg	figure 42
Verger Rivière Petite île, île de la Réunion	planche VII, cliché c
Pépinières Delbard, Malicorne, 03600 Commentry	planche VI, cliché f
Pépinières Agrumes de Provence, Mas Saint-Anthelme 30131 Pujaut	planche VIII, cliché d planche VIII, cliché f

Pépinières Demol, 84430 Mondragon	planche VI, cliché b
Pépinières Fourny, Route de l'Aéroport, 20290 Borgo, Corse	planche VIII, cliché e
Pépinières REY, La Pascalette, 83260 Lalonde	planche VIII, clichés b et c
Station de Recherches Agronomiques, San Giuliano	planche I
20230 San Nicolao, Corse	planche VII, clichés e et f

Grèce

Non identifié	planche VII, cliché b

Israël

Pépinières Getzler, Kfar Bnei Zion 60910	planche VIII, cliché a cliché c, planche VI

Italie

Orangerie du palais Castello, Castello, Florence	figure 3
Pépinière Messina, Ca. da S. Martino Piana, 95123 Catania	figures 20, 26, 27, 28

Maroc

SODEA Souss, BP 13, Ouled Teima, Agadir	planche VI, cliché e

Portugal

Viveiros do Foral Sociedade Agricola, Larga Vista 8375 S. Bartolomeo de Messines, Algarve	figures 8, 9

Taïwan

Ilan nursery, Taïwan Fruit Marketing Cooperative TFMC 7 See-2 Hsin Sheng Road, Taipei	planche IV, cliché f

Thaïlande

Dynamic Group Products Co. Ltd, Amphur Bargkaen, Bangkok	figure 16

Tunisie

Pépinières du GIAF, Route de Beni Khalled El Gobba, 8030 Grombalia	planche V, clichés d, e, f

Turquie

Département de la Protection des plantes université de Cukurova, 01330 Adana	figures 13, 15

USA

Brokaw Nurseries Inc., P.O. Box 4818, Saticoy	planche V, cliché a

Vietnam

Pépinière de Xuan Mai, Nord Vietnam	figure 29
Pépinière privée Long Dinh	figure 30

Crédits photographiques

Illustrations en couleur

Planches	Clichés	Auteur
Planche I	a à j	G. Vullin
Planche II	a à i	A. Vilardebo
Planche III	a, c, e, f, g	P.J. Cassin
	b	B. Aubert
	d	E. Fouré
	h	P. Martin-Prével
	i, j	G. Vullin
Planche IV	a, b, d, f	B. Aubert
	c, e	J.-P. Cassin
Planche V	a, c, d, e, f	B. Aubert
	b	Ph. Cao-Van
Planche VI	a	I. Tolley
	b, c, e, f	B. Aubert
	d	Ph. Cao Van
Planche VII	a, d	B. Aubert
	b	P.J. Cassin
	c	M. Grisoni
	e, f	G. Vullin
Planche VIII	a à f	B. Aubert

Illustrations en noir et blanc : figures numéros

3, 4, 5, 8, 9, 13, 18, 20, 25 à 30, 38, 40 (clichés a à f), 41 : B. Aubert
10 : P.J. Cassin
11 : Ph. Cao-Van
15 : V. Kersin
16 : C. Roistacher
42 : Le Sénat

Liste des contributeurs

A. Azzib, directeur du GIAF, Tunis, Tunisie

É. Laville, Cirad-Flhor, pathologiste

J. Marchal, Cirad-Flhor physiologiste

P. Ollitrault, Cirad-Flhor, généticien

F. Dosba, Inra-Ensam chaire d'Arboriculture fruitière

M. Labergère, CTIFL, Lanxade

R. Cottin, Cirad-Flhor, directeur de la SRA de San Giuliano, Corse

A. Sizaret, Cirad-Flhor, agronome

J. Godefroy, Cirad-Flhor, pédologue

R. Carmine, jardin du Luxembourg

B. Moreau, Cirad-Flhor, agronome

M. Beugnon, Cirad-Flhor, agronome

Les auteurs remercient par ailleurs les personnes suivantes pour leur aide dans la collecte d'informations techniques :

J.-F. Breton, orangerie du jardin du Luxembourg, France

F. Heulin, orangerie du jardin du Luxembourg, France

L. Pitrat, orangerie du château de Versailles, France

A. Lee, Outspan Foundation Block, Port Elizabeth, Afrique du Sud

G. Galletti, conservateur de l'orangerie du jardin Castello, Florence, Italie

D. Ezzoubir, Domaines agricoles, Rabat, Maroc

M. Nahmi, Société de développement agricole, Rabat, Maroc

A.H. Welch, Viveros do Forai, San B. de Messines, Algarve, Portugal

Mise en page : Lili Waucheul et Hélène Bonnet
Dépôt légal : juin 2023
Imprimé pour vous par Books on Demand (Allemagne)